©創通・サンライズ
©松本零士・東映動畫

傾力特輯 機動戰士Z鋼彈

MS科技發展沿革 U.C.0087

MOBILE SUIT Z GUNDAM MS TECHNOLOGY U.C.0087

以電影版《星之繼承者》裡登場的機體為基礎 追尋MS的進化歷程

U.C.0087年乃是《機動戰士Z鋼彈》的舞台。在一年戰爭結束後已過了7年的時光。隨著軍工複合企業安那罕電子公司崛起，MS研發也邁入了嶄新階段。包含懸吊式座椅＆全周天螢幕普及、可動骨架、鋼彈合金γ得以大量生產，以及可變MS問世等新技術在內，MS與各式機械技術伴隨著人類的革新一同獲得了大幅度進化。

在本期中將會透過對套件施加徹底改造、全自製模型等手法來重現《機動戰士Z鋼彈》時代的MS。並且以在電影版作品《機動戰士Z鋼彈 A New Translation -星之繼承者-》中登場的機體為基礎，藉此分析U.C.0087年前半的MS科技發展沿革。

©創通・サンライズ

MS研發系譜 ～從第一世代邁向第二世代～

MS研發的激烈競爭促成了往高性能方向發展

在為宇宙世紀顛覆了戰爭概念的MS問世後，時光已度過了8年。到了U.C.0087年時，MS研發已經邁入配備可動骨架、全周天螢幕、懸吊式座椅、鋼彈合金γ等先進技術的「第二世代MS」這個嶄新階段。造就了這些重大突破的，正在於相異系統技術的融合。

雖然論到一年戰爭，焦點幾乎都會落在RX-78鋼彈的出色性能上，但從技術層面的觀點來看，壓箱寶的數量是吉翁陣營占上風。舉例來說，在新人類和腦波傳導技術方面，聯邦軍就遠遠地落後。相對於聯邦軍在生產性和可靠度方面具備優勢，吉翁軍則是在革新和可能性方面擁有潛力。

戰後，主要的吉翁公國軍MS工廠由地球聯邦軍接管，諸多技術人員則是被吸收進入了安那罕電子公司（以下簡稱為AE社）和新人類研究所。兩大陣營的技術融合後，其實也產生了彌補彼此弱點的化學反應，這個時代的技術也成為日後MS研發基礎所在。（解說・統籌／河合宏之）

安那罕電子公司
MS研發的急先鋒

阿克西斯
暗中有所行動的吉翁殘黨

提供鋼彈合金γ和腦波傳導裝置等技術

MA形態

技術流入

開啟第二世代門扉的AE社製先進機體

RMS-099／MSA-099 里克·迪亞斯

吸收吉翁系技術人員後，AE社在MS研發方面獲得了顯著進步。在U.C.0083年時甚至已達到足以承包「鋼彈開發計畫」，凌駕於純粹聯邦系技術之上的程度。然而該舉動令迪坦斯提高了戒心，促成聯邦地球製MS等回歸地球主導的動向。針對該動向，AE社也透過提供贊助的方式來強化幽谷。第一步就是提供里克·迪亞斯這個機種。里克·迪亞斯是以德姆系的技術為基礎，經由採用平衡推進翼、全周天螢幕，以及頭部駕駛艙而成。還採用了這比鈦合金陶瓷複合材質更為輕盈且堅韌的鋼彈合金γ這種最尖端裝甲材質。因此它可說是作為第二世代MS先驅的機種，甚至具有比鋼彈Mk-II更為先進的一面。

反地球聯邦組織 幽谷

MSA-003 尼摩

這是AE社提供給幽谷的量產型MS。有別於里克·迪亞斯、馬拉賽等在輪廓上有著濃厚吉翁系色彩機種，具備了吉姆系的輪廓。為第二世代MS。

▼ 改為提供給迪坦斯

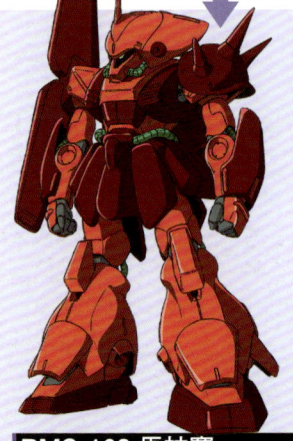

RMS-108 馬拉賽

有別於僅引進一部分第二世代機能的機種，這款純第二世代MS是為純粹吉翁系技術引進源自鋼彈Mk-II的可動骨架而成。儘管起初打算提供給幽谷，但後來在政治交易下成為了供迪坦斯使用的機種。

RMS-117 卡爾巴迪β

戰後，為了恢復已衰敗的戰力，聯邦軍同步進行了像高性能薩克這類經由轉用既有技術來研發新型機種，以及改良舊機種這兩大方案。卡爾巴迪β就是後者的代表性機種。它是源於一年戰爭末期研發的次世代主力機種後予以轉用而成。儘管基本構造和基礎機種一樣，但裝甲和駕駛艙等處經過改良。

為了恢復戰力而急遽進行的改良

RMS-106 高性能薩克

這是聯邦軍與吉翁軍雙方技術融合的象徵性機種。不僅為薩克II的出色生產性搭配了聯邦軍製發動機，還採用了全周天螢幕、懸吊式座椅等一部分的第二世代裝備，有著顯著的改良。儘管可以想像到在搭乘薩克系機種時，聯邦軍駕駛員內心的感受肯定很複雜，但對於恢復在一年戰爭中消耗的戰力來說，確實發揮出了莫大效果。

▲ 地球聯邦軍規格
◀ 迪坦斯規格

吉翁系技術

技術流入

地球聯邦軍
內部存在著理念相反的派系

聯邦製MS的型號與研發地點

格里普斯戰役時期已制訂了要將MS研發地區以型號方式標示出來的規則。只要參考機型編號中的前兩位數字，即可判斷出研發據點為何。舉例來說，從RX-178鋼彈Mk-II的型號編號中可知，研發據點為格里普斯。但亦有例外存在，在機型編號中有著ORX或NRX字樣的新人類研究所研發機種就不適用此規則。

研發據點					
No.	區域	No.	區域	No.	區域
10	格拉納達	13	色當之門	16	吉力馬札羅
11	月神二號	14	培曾	17	格里普斯
12	金平島	15	新幾內亞	18	賈布羅
				19	賈布羅

可變MS／MA

可變MS／MA的存在，可被視為格里普斯戰役的象徵。一年戰爭時期，如何擴大MS在地面上的行動範圍和通用性可說是一大問題，為了解決這點，而開始研究如何具備人型＆移動形態這兩種形態的變形機構進行摸索。尤其是地球聯邦軍旗下各新人類研究所在研發方面宛如較勁般越演越烈，各研究所間的競爭關係或許也對此造成了微妙影響。搭載變形或腦波傳導裝置之類引人注目的技術，對於打敗戰爭對手來取得研究預算來說至關重要。在比起一年戰爭只能算是小規模衝突的格里普斯戰役中，由於有著相較於物資總量，雙方陣營旗下新人類實力更足以左右戰局發展的一面，因此高性能的可變MS更能發揮出真正價值。被稱為「恐龍般進化」的時代也於焉來到。然而可變MS的構造相當複雜，導致在運用層面、整備成本，以及駕駛員的熟習訓練等方面都存在著問題。從後來在U.C.0090年代時改由標準MS＋輔助飛行系統成為最普遍的編制架構來看，顯然是可變MS所蘊含的問題浮上了檯面所致。

研發據點	MS生產據點		
	村雨研究所	奧克蘭研究所	奧古斯塔研究所

為可動骨架奠定了實用性的劃期性機體

RX-178 鋼彈Mk-Ⅱ（迪坦斯規格）

「鋼彈」是象徵在一年戰爭中獲得勝利的代表性機體，幽谷和迪坦斯也都想利用這個名號宣揚自身勢力的正統性。幽谷陣營為里克．迪亞斯加上「γ鋼彈」稱號一事也證明了這點。另一方面，作為宣揚地球主義的材料，迪坦斯則是研發出作為新一代鋼彈的鋼彈Mk-Ⅱ。話雖如此，從裝甲材質仍是舊式的等級狀況看來，顯然是為了趕在幽谷之前宣傳它的存在，才會用這種方式刻意加快研發的進度。不過在性能上其實並不差，作為正式採用可動骨架的機種，對日後各式MS造成的影響可說是無從估量。在鋼彈Mk-Ⅱ的特色中，最值得一提之處就在於採用可動骨架所賦予的靈敏性，這令它得以在第一線活躍至第2次新吉翁戰爭尾聲。從動畫中來看，迪坦斯也有評估過引進它作為訓練用機體，這顯然是出自其易於操控的特色與靈敏性，難怪後來也受到鋼彈隊的年輕駕駛員們偏好使用。

RX-178 鋼彈Mk-Ⅱ（幽谷規格）

作為迪坦斯的試作機共研發了3架，但在格里普斯2進行測試時被幽谷奪走。最後3架全數落入幽谷手中，其中3號機在施加正統的白色系塗裝後投入實戰。另一方面，剩下的那2架除了拆解作為備用零件之外，還供研究可動骨架使用。後來之所以能研發出Z鋼彈等機種，一切都是受惠於AE社取得了這種尖端的骨架技術。

奪取

MSN-00100 百式

這是AE社與幽谷在推動「Z計畫」過程中所研發出的變形用驗證機體。在一度放棄搭載變形機構後，經由引進鋼彈Mk-Ⅱ的可動骨架技術而以非變形機種形式出廠。受惠於平衡推進翼的功能，得以發揮出精湛的靈敏性。

地球至上主義者 迪坦斯

RGM-79R、RMS-179 吉姆Ⅱ

這是聯邦軍主力機種吉姆的改良機種。有直接對吉姆施加改良的，亦有按照吉姆Ⅱ規格生產的全新機體等諸多形式。在初期修改型中也存在著未搭載全周天螢幕這類視來源而定，裝備會有所不同的機體。到了格里普斯戰役時期已淪為舊式機種。

技術議題　可動骨架

一年戰爭時期MS在基本構造上都是以裝甲材質兼具骨架功能的單殼式構造為基礎。不過可動骨架隨著採用具備骨架構造的設計，成功地擴大了可動範圍和提高靈敏性。這是MS得以提升性能的重大原因所在，亦成為了自第二世代起納為標準的構造。

技術議題　全周天螢幕&懸吊式座椅

過往的MS駕駛艙在架構上僅於正面和左右兩側設有螢幕，這只能說是延伸自傳統兵器的設置方式，對於具備人型且有著高度通用性的MS兵器來說，難以確保充分的視野。研發出全周天螢幕和能夠減輕駕駛員負擔的懸吊式座椅一事，其實象徵著真正適用於MS的駕駛艙系統誕生。一年戰爭期間，即使還不夠完整，但在鋼彈NT-1身上已經能看到全周天螢幕的概念，到了AE社製鋼彈試作3號機時則是已經近乎完成現在的規格。在那之後也就成為了第二世代MS的基本裝備。

ORX-005 蓋布蘭

在格里普斯戰役時期奠定了在使用隔熱傘或飛行裝甲之類裝備的前提下，以MS為單位衝入大氣層的戰術。蓋布蘭則是為了迎擊這類威脅而研發出的大氣層內高高度迎擊用機種。儘管憑藉將雙肩處可動式護盾作為可動式推進器使用，得以展現出顛覆既有常識的機動性，但因此產生的G力過大，導致只有強化人能夠發揮出它的潛力。

NRX-044 亞席瑪

這是最初期的可變MA，並未採用可動骨架。受惠於磁力覆膜，只需要僅僅0.5秒即可變形完成。儘管是可變形機種，但構造簡潔且具備高度生產性，而且MA形態的靈敏性也很高。

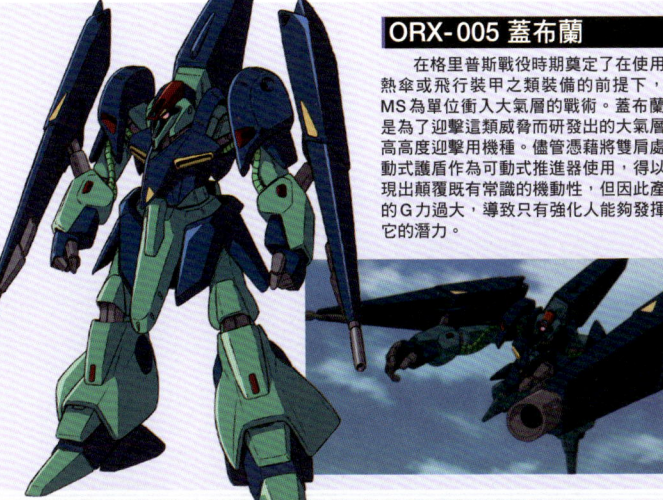

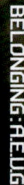

BELONGING : A.E.U.G.
MODEL NUMBER : RX-178
MODEL NAME : GUNDAM Mk-II

RX-78鋼彈的後繼機

BANDAI SPIRITS 1/100 scale plastic kit
"Master Grade"

RX-178
GUNDAM MK-II

modeled & described by NAOKI

賈布羅空降作戰

賈布羅乃是一年戰爭期間吉翁軍數度發動總攻擊都無從攻陷的要塞。為了攻下賈布羅，幽谷規劃了大規模軍事行動。目的在於讓幽谷MS部隊從地心軌道上進行空降，抵達地面後轉為進入地下通道，藉此制壓住主要設施。然而賈布羅方面的抵抗力道很薄弱，幽谷MS部隊也就逐步往要塞內進軍。

008

機動戰士Z鋼彈 MS科技發展沿革 U.C.0087

經由大幅修改 營造出給人 更為精緻印象的體型

　　為範例部分打頭陣的，當然正是鋼彈Mk-Ⅱ。迪坦斯乃是以緝捕吉翁殘黨為任務而設立的地球聯邦軍特種部隊，鋼彈Mk-Ⅱ則是以該陣營旗機形式在格里普斯2研發出的機種。可說是這架機體首要特徵所在的，正是具備了最新銳的驅動式內骨骼〈可動骨架〉，無論是聯邦軍或幽谷陣營，該技術均對於日後的MS研發造成了莫大影響。這件範例乃是出自NAOKI之手，他對MG鋼彈Mk-Ⅱ Ver.2.0施加了徹底修改，藉此詮釋成符合自己喜好的體型。亦大幅度追加細部結構，造就了符合2020年代帥氣感的鋼彈Mk-Ⅱ。

RX-178 鋼彈Mk-Ⅱ

BANDAI SPIRITS
1/100比例 塑膠套件
"MG"

製作・文／NAOKI

經由搭載可動骨架造就的第二世代MS

鋼彈Mk-II作為RX-78 鋼彈的發展機種，在地球聯邦軍以及迪坦斯主導下，自U.C.0085年起著手研發。這份最為劃時代的技術，可說是正在於由RX-78本身核心區塊系統發展而來的驅動式內骨骼〈可動骨架〉。

可動骨架

▲可動骨架本身為組裝了關節驅動系統的MS用人型骨架，進一步裝設上裝甲後即為完整的MS。與（半）單殼式構造從基礎上就截然不同，具備出色的整備性和擴充性，而且隨著減少了對關節和裝甲的干涉，連帶在驅動性能上也可望獲得提升。

頭部

▲酷似RX-78的頭部組件。為了對應全周天螢幕，各感測器都經過強化。由於內藏有可動骨架的統合管理用處理器，因此排除了火神砲機關部位和彈倉。該武裝則是改為採用火神砲莢艙系統這種選配式兵裝。

駕駛艙

▲採用了懸吊式座椅和全周天螢幕。球形駕駛艙區塊則是採用了如同被可動骨架包覆住的構造。

推進背包

◀推進背包備有4具主噴射口和2具噴射口可動臂，因此以具有高度加速性能和出色機動性為傲。

武裝

▲武裝以具備伸縮功能的護盾、E（能量）彈匣式光束步槍、彈匣式超絕火箭砲等不受到MS主體發動機輸出功率左右的為主，具備可供其他機體使用的高度通用性，亦可說是此時代武裝的特徵所在。

▼與亞席瑪進行空戰時,採取的行動是先從德戴改上跳起來,再用裝填了散彈的超絕火箭砲來應戰。因為鋼彈Mk-II具備了就算處於大氣層內,亦能在極短暫時間內進行空戰的推進力。

BELONGING：A.E.U.G.
MODEL NUMBER：RX-178
MODEL NAME：GUNDAM Mk-II

U.C.0087
與馬拉賽的生死鬥

卡密兒駕駛鋼彈Mk-II攻進賈布羅的地下主要設施後，他感受到了蕾柯亞的氣息，卻在四處尋找她時遭遇到了傑利特駕駛的馬拉賽。雖然在雙方激烈交戰的過程中，鋼彈Mk-II因為踏腳處崩塌導致往懸崖下墜落，卻也還是靠著將推進背包的推進力發揮至最大極限一躍而起，並且狙擊馬拉賽。雙方射出的光束正好彼此打個正著，導致引發強烈火光，馬拉賽在這陣衝擊下受到重創。鋼彈Mk-II則是趁機撤離戰線，然後成功地救出了蕾柯亞。

機動戰士Z鋼彈 MS科技發展沿革 U.C.0087

BELONGING: A.E.U.G.
MODEL NUMBER: RX-178
MODEL NAME: GUNDAM Mk-II

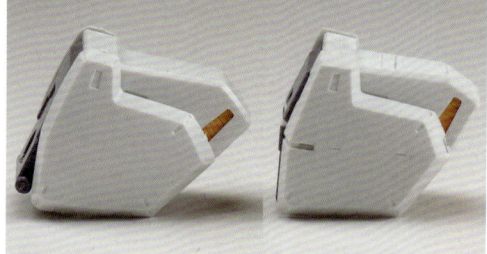

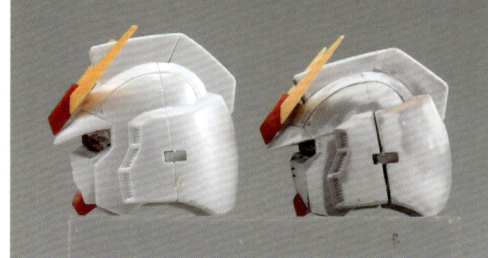

▲將頭盔沿著各個區塊分割開來，藉此調整位置後再重新固定住。帽簷的角度也修改得較平坦。臉部亦將尺寸修改得比原有零件小一號，更將眼眶的轉折角度修改得和緩些。至於雙眼則是先整個削掉，然後用塑膠材料重製成尺寸較小一點的。

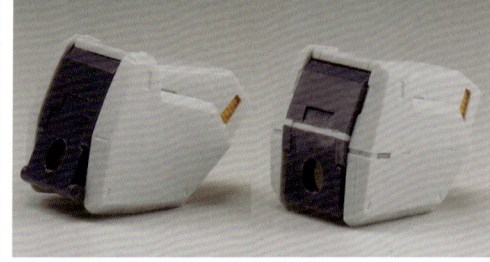

▲將肩甲藉由把前後裝甲的四周削掉一些以縮減尺寸，同時也修改均衡感。頂面區塊亦從中縮減了長度。

▲將身體的骨架分割為中央和左右兩側這3個區塊，然後在確保有空間可勉強容納火神砲莢艙系統的前提下縮減寬度。

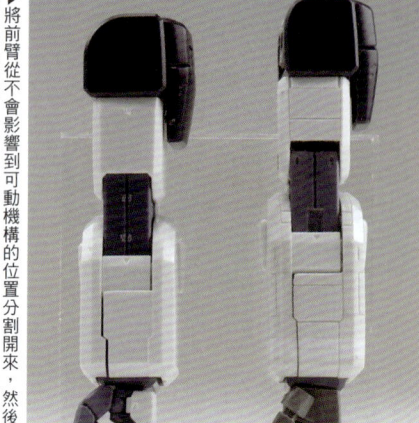

▶將前臂從不會影響到可動機構的位置分割開來，然後夾組塑膠板加以延長。上臂則是將容納肩關節用的開口給往上拓寬一點。手掌則是取自高精密度機械手MG ZZ鋼彈用的零件。

▲先為大腿的左右兩側黏貼0.5mm塑膠板，再進一步堆疊補土，藉此修改形狀。

◀將踝關節的球形軸棒延長約1mm，同時將軸棒位置分別往左右錯開並固定成稍微往外傾的角度。

◀夾組塑膠板加以延長，然後將前裙甲從中分割開來

▲將腰部骨架的底面削短，股關節軸也同樣削短，藉此讓雙腿能靠得更近一點。

▲將腳尖從中分割開來以縮減前後長度，還將靴子部位藉由事先填墊內部將寬度削磨得窄一點。由於這樣一來也會讓連接腳背骨架的組裝槽失去作用，因此將該改為用彈簧管連接。

那麼，配合這次的特輯，我要擔綱製作MG鋼彈Mk-Ⅱ Ver.2.0。儘管當年剛發售時，以可動性為首的改良之處都令人感佩不已，但在問世超過15年以上的現在，我決定以體型為中心進行修改，藉此製作出符合我心目中想像的帥氣Mk-Ⅱ。

儘管是我個人對套件的印象，但就像現今宇宙世紀系套件都盡可能地往不多做修飾地尊重原有設定的方向發展一樣，MG在設計、體型、零件形狀、設置倒角等方面會格外著重於融入當下的流行風格。

就Mk-Ⅱ Ver.2.0來說，可動性的改良自然不在話下，但在外觀方面則是為各個面設置了細小倒角，顯然是想藉此凸顯外裝部分的組件感，就結果來看確實成功地營造出設定中「將外裝區塊裝設在可動骨架上」的感覺。可是設置倒角一事卻各有利弊。雖說以零件為單位來看時，形狀會顯得更為明確，從遠處來看則是能凸顯出區塊感，但也很容易給人「累贅」的印象。儘管這是取決於個人喜好的問題，但這次在製作上選擇致力於磨掉倒角，使整體能更具銳利感。不僅如此，還會大幅度修改體型，以求製作出更具精緻感的整體輪廓。由於全身上下都經過相當程度的修改，因此在文章中可能難以逐一提及細節，但接下來還是會分門別類說明各部位的製作概要。

■頭部

套件本身其實充分地掌握住了Mk-Ⅱ特有的剽悍神情，以及面部較長的馬臉風格，不過範例中會修改成能更加凸顯出機械感的內斂造型。

為了能修改頭盔的均衡感，先按照頭冠、耳部散熱口等各個區塊逐一分割開來。接著將耳部散熱口的位置往上移，頭冠也修改成往前傾斜的角度。帽簷原本是往中央呈現V字形轉折的形狀，範例中則是修改為較平滑流暢的線條，更藉由帽簷本身的角度來營造出剽悍神情。配合前述修改，亦更動了護頰的形狀。臉部也將尺寸削磨得比原有零件小一號，更將眼眶的轉折角度修改得和緩些。再來是以前述修改為準，將原有的眼部削掉，改為重製得更小一點。另外，為了讓從側面觀看時的眼眶與臉部之間高低落差能小一點，因此將側面形狀盡可能修改成近乎沒有凹凸起伏的模樣。相關詳情請見製作途中的比較照片。

■身體

由於上半身很寬闊，導致胸部顯得很大，肩頭看起來也很寬，因此將骨架分割為中央與左右兩側這3個區塊，以便進行縮減寬度的作業。胸部外裝零件也同樣要縮減寬度，駕駛艙蓋亦要配合縮減寬度並修改形狀。附帶一提，胸部整體寬度是以能勉強容納得下頭部裝設火神砲莢艙系統為參考依據。

腰部骨架原本呈現底面稍微往外露出一截的模

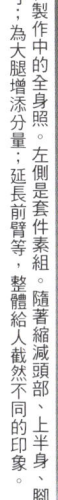
▲▶尺寸：製作中的全身照。左側是套件素組，右側是延長前臂等，整體給人截然不同的印象。隨著縮減頭部、上半身、腳掌尺寸；為大腿增添分量，

COLORING DATA

主體白1＝鋼鐵白（NAZCA）
主體白2＝暖淺灰（NAZCA）
主體白3＝藍霧白（NAZCA）
骨架＝接合灰（NAZCA）＋紫色（GSI Creos）＋Ex-黑（gaianotes）
主體紅＝火焰紅（NAZCA）
主體黃＝蜜柑橘（NAZCA）
主體深藍＝鈷紫羅蘭色（NAZCA）＋Ex-黑（gaianotes）＋紫色（GSI Creos）
推進背包、武器＝鈷紫羅蘭色（NAZCA）＋Ex-黑（gaianotes）＋超亮綠（GSI Creos）

樣，導致多多少少會對體型造成影響，因此在不影響股關節可動性的範圍內將底面給削短。至於前裙甲則是從中分割開來以便延長。另外，亦修改了腰部中央裝甲的形狀。

■臂部

受到肩甲形狀呈現橫向較長的影響，導致看起來有點聳起肩來的感覺。因此經由切削前後裝甲的外圍修改形狀，以便改變縱向與橫寬的比例。頂面裝甲亦從中縮減寬度。這樣一來肩甲本身的形狀就顯得沉穩多了，裝設時也能藉由修改插在肩關節軸上的板狀骨架角度，避免像是聳起肩來的狀況。身體那側的骨架零件則是經由用塑膠板包覆住的方式加大了尺寸。

以臂部整體的均衡感來看，前臂顯得短了點，因此將外裝零件從不會影響到可動機構的位置分割開來加以延長。手掌是拿以前當成王牌囤著的高精密度機械手MG ZZ鋼彈用零件來呈現。畢竟既然是Mk-Ⅱ，那麼當然得重現拇指根部有一截白色護甲的模樣囉。

■腿部

由於覺得大腿欠缺分量感，因此在左右兩側黏貼0.5mm塑膠板修改成更具分量的形狀。踝關節則是將球形軸棒延長約1mm，同時將軸棒位置分別往左右錯開並固定成稍微往外傾的角度。這樣一來從腿部延伸至腳掌的角度會顯得更為自然流暢。

再來是腳掌部位，由於看起來實在大了點，因此將腳尖從中分割開來以縮減前後長度，靴子部位亦藉由事先填墊內部將寬度削磨得窄一點。這樣修改後會讓連接腳背骨架的組裝槽失去作用，該處也就改為用彈簧管來連接。

完畢，儘管體型上的修改幅度很大，但基本上還是盡可能避免自製零件，而是往保留套件原有零件的方向進行製作。

雖說「忠於原有設定或實物予以重現」是模型的旨趣所在，但「為既有模型融入當下流行風格」這樣的製作手法，可以說是其他類別模型所沒有的玩法呢。

那麼，既然這次是Z鋼彈前半特輯，之後肯定會有後半特輯對吧？我個人也十分期待喔！（笑）

NAOKI
在機械設計師、造形、造形監製等諸多領域都有著活躍表現的全能創作家。

BELONGING: EARTH FEDERATION FORCE　MODEL NUMBER: RMS-106　MODEL NAME: HIZACK

吉翁與聯邦軍的融合

BANDAI SPIRITS 1/100 scale plastic kit
"Master Grade"

RMS-106 HIZACK

modeled&described by GAA(firstAge)

地球聯邦軍第二世代MS第一號

高性能薩克乃是在月面都市格拉納達的MS工廠進行研發，於U.C.0084年時出廠，在U.C.0085年以主力量產機的形式供地球聯邦軍進行部署。由於高性能薩克採用了當時最新的技術，因此優先分發給以緝捕吉翁殘黨為任務的聯邦軍精英部隊迪坦斯，用於汰換僅施加了改良的吉姆Ⅱ。儘管和結合吉翁與聯邦軍雙方的劃期性技術融合正好相反，在機體規格上其實不甚令人滿意，但著眼於操控性、通用性，以及造價等諸多方面，使它即便在陸續部署了馬拉賽和巴薩姆等新機種之後也仍得以長久運用下去。

016

對各部位進行縮減與增寬來調整機體的均衡感

高性能薩克乃是在一年戰爭後，於月面都市格拉納達當地MS工廠進行製造的機種。舊吉翁尼克公司技術人員以知名機種薩克II為基礎，藉由引進地球聯邦軍的技術，造就了融合吉翁與聯邦軍雙方科技而成的機種。外觀乍看之下也確實沿襲了薩克系的輪廓，但從備有胸部散熱口和攜帶式護盾等設計來看，不得不說確實也具有屬於聯邦軍的特色。這件範例是以2004年發售的MG套件為基礎，經由對細部進行切削、黏貼材料等微調，再加上省略上臂處動力管的調整，藉此完成屬於後期生產型的面貌。

**RMS-106
高性能薩克**

BANDAI SPIRITS
1/100比例 塑膠套件
"MG"

製作‧文／GAA（firstAge）

RMS-106 HIZACK

MOBILE SUIT Z GUNDAM MS TECHNOLOGY U.C.0087
機動戰士Z鋼彈 MS科技發展沿革 U.C.0087

BANDAI SPIRITS 1/100 scale plastic kit
"Master Grade"

modeled & described by GAA(firstAge)

BELONGING: EARTH FEDERATION FORCE
MODEL NUMBER: RMS-106
MODEL NAME: HIZACK

▲高性能薩克能夠裝上MG用的隔熱傘系統。照片中就是裝設了自P.34起刊載的馬拉賽附屬配件。儘管有對高性能薩克進行縮減類的修改，不過還好仍舊不必加工就能組裝上去。

U.C.0087
與鋼彈 Mk-Ⅱ 的戰鬥

卡密兒‧維登駕駛鋼彈Mk-Ⅱ與傑利特‧梅薩搭乘的高性能薩克爆發了激烈交戰。只配備薩克機關槍改的高性能薩克制伏不住鋼彈Mk-Ⅱ，況且在機動性能方面也終究無從和具備可動骨架的鋼彈相提並論，因此只能單方面被失去母親而憤慨不已的卡密兒給壓著打。

RMS-106 高性能薩克

在舊吉翁與地球聯邦軍雙方技術融合下誕生的混血機種

高性能薩克是由原先隸屬於舊吉翁公國旗下吉翁尼克公司技術人員在月球的格拉納達工廠研發而成，可說是積極引進地球聯邦軍技術融合造就的MS第1號機種。

頭部

▲儘管具備沿襲自薩克Ⅱ的構造，但感測器等內部規格則是採用了地球聯邦軍製零組件。

胸部

◀雖然在構造上近似薩克Ⅱ，卻也能在左右散熱口上窺見屬於聯邦軍的特色。駕駛艙內則是採用了懸吊式座椅和全周天螢幕。

推進背包

▶尺寸變得大了許多的推進背包。從左右兩側往上方延伸的板狀結構為散熱板。在頂端則是備有輔助感測器。

腿部機動組件

▶腿部備有與MS-06R2相仿的機動組件。這是由輔助推進器與適形燃料槽合為一體而成的部位。光是單一組件上就設有5具推進器。

武裝

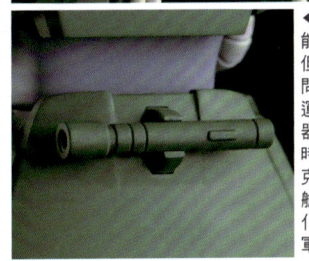

◀▲儘管高性能薩克也能攜帶光束步槍使用，但因為受限於發動機的問題，導致無法同時運作2種以上的光束兵器，因此攜帶光束軍刀時會搭配實體彈式的薩克機關槍改和飛彈莢艙。另外，亦有使用強化型電熱斧來取代光束軍刀的例子。

▼光束步槍是沿用自MG馬拉賽的。

▼強化型電熱斧在電熱斧刃尺寸上比薩克Ⅱ的更大。能量供給管線也增為2條，因此在威力上也倍增。

MOBILE SUIT Z GUNDAM MS TECHNOLOGY U.C.0087
機動戰士Z鋼彈 / MS科技發展沿革

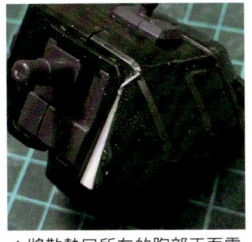
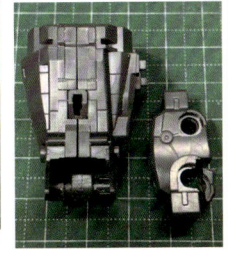

▲將散熱口所在的胸部正面零件分割開來，並藉由夾組楔形塑膠板來修改角度。這樣即可讓胸部更加往前挺立，也更具分量。

▲將膝關節區塊的一部分削出缺口，修改成能夠先上色再黏合固定的分件組裝形式。為了不讓大腿至膝蓋之間的動力管外露，因此根據自創設定追加用了塑膠板製作的關節罩。

▲製作途中的全身照。白色部分是用塑膠材料之類物品修改過的地方。

COLORING DATA
深綠＝暗綠色（2）＋苔綠色
淺綠＝超亮綠＋超亮黃＋棕色
黃＝超亮黃
紅＝亮紅色
白＝中間灰I
灰＝紫羅蘭灰
武器灰＝中間灰III＋中間灰IV
武器灰＝中間灰IV

■睽違已久的HJ科幻模型精選集

MG高性能薩克是在2004年時發售的，是有點早期的套件，不過之前並沒機會接觸，因此懷抱著「究竟會是什麼樣子呢？」的想法開始組裝。

儘管問世已有一段歲月，在設計面上稍微有點落伍的感覺，但在零件分割設計和可動機構等方面，以及整體造型比例給人的印象（和設定圖稿相比）其實也還不錯。當年首播時發售的1/100高性能薩克也是款名作套件，BANDAI公司或許很擅長設計這類機體吧。

■徹底修改!?

儘管說還不錯，但設計風格是會隨著時代改變的，現今也有多種經過重新設計的版本存在，因此我打算從那些設計上師法優點，並且根據個人喜好來施加修改。首先著眼之處，就屬外露程度過多的動力管了，雖說是以後期生產型為名義，但實際上就只是以修改弱點的形式對身體進行重新詮釋罷了。

■修改部位

對頭部內側進行適當切削，使內部機構能夠分件組裝。但這也會使左右兩側零件可供黏合的部分變少，這點必須特別留意。總覺得胸部正面的分量感不足，於是採用從下方往上墊高的方式增添分量。腹部也延長了4mm。配合分量有所增加的胸部，腰部中央裝甲也往前延長了約3mm。前裙甲一併加大尺寸。由於腿部的組裝位置似乎過於偏向後側，因此將股關節軸的可動部位整個分割開來，以便將位置往前移。臂部則是省略了從腋下延伸至前臂的動力管。袖口部位也分割開來，使該處能分件組裝，從前臂中央延伸出來的凸起結構亦配合將末端削短了1mm。另外，還將前臂處動力管換成市售的網紋管，以及將左肩甲靠近身體這側的外緣給延長。

腿部是先將小腿正面的下襬給分割開來，等增寬後再重新黏合回去。膝蓋背面動力管則是換成市售的單芯線。

推進背包是從正中央縮減了寬度，讓這部分能與身體同寬。

屬於細節類的部分很多，這方面還請參考製作途中照片。儘管修改了很多地方，但基本上都是以「夾組塑膠板並修整形狀」的作業為主。幾乎都是些只要有心就模仿得來的做法，難度應該不高才是。

■配色

在想像該將這件高性能薩克塗裝成什麼樣子時，腦海中浮現了「帶著較重黃色調的綠色」，於是在往這個方向調色之餘，亦和製作身體時一樣，根據個人喜好稍微自行詮釋了一番。

機身標誌取自另外販售的水貼紙。這方面並未詮釋成特定駕駛員的座機，而是「諸多量產機中的一架」。噴塗透明漆層時選用了GX114號超級柔順型透明漆。

■改造的有趣之處

這次睽違已久地採用了既切削又黏貼的方式來改造。現今的套件都做得相當精湛，只要純粹地組裝起來，即可獲得與動畫或設定圖稿中形象差異不大的完成品。不過若是敢於隨心所欲地按照「個人喜好」改造一番，肯定能讓成品對自己來說更加別具意義。不曉得各位覺得這樣的玩法如何呢？

GAA
在HOBBY JAPAN月刊上大顯身手的機械題材派職業模型師。隸屬於以關西為活動據點的社團firstAge。

BELONGING: EARTH FEDERATION FORCE　MODEL NUMBER: RMS-179　MODEL NAME: GM II

一年戰爭知名機種的小幅度改款機型

BANDAI SPIRITS 1/100 scale plastic kit
"Master Grade"

RMS-179 GMⅡ

modeled & described by ORENGE-EBIS

一年戰爭的知名機種再現

　　吉姆是以RX-78鋼彈為基礎進行研發並量產的地球聯邦軍主力量產型MS。由於應用了來自RX-78教育型電腦的數據和提高生產性，因此吉姆成為引領地球聯邦軍在一年戰爭中獲勝的功臣。即便在一年戰爭後展開了「聯邦軍重建計畫」，但財政拮据的聯邦軍仍將吉姆視為主力機種，這也可說是理所當然的結果。因此吉姆Ⅱ便在改良的名義下以小幅度改款形式誕生，而且在卡爾巴迪β與高性能薩克問世前的這段期間內，一直作為聯邦軍的主力機種大顯身手。

藉由為腿部增添分量 給人更為厚實穩重的印象

　　吉姆Ⅱ乃是在綠色諾亞2（格里普斯）當地研發基地由地球聯邦軍進行研發的吉姆改良修改機型。是由在一年戰爭中引領聯邦軍獲得勝利的吉姆施加小幅度改款而成，在外觀上是以各部位增設的推進器和感測器類設備為特徵。這件範例是選用屬於PREMIUM BANDAI販售商品的MG吉姆Ⅱ來製作。在以這款本身就相當出色的套件為基礎之餘，亦透過追加細部結構，還有以腿部為中心增添分量等方式進行調整，藉此完成能給人既帥氣又有穩重感的吉姆Ⅱ。

RMS-179 吉姆Ⅱ
BANDAI SPIRITS
1/100比例 塑膠套件
"MG"

製作・文／ORENGE-EBIS

U.C.0087 綠色諾亞

在一年戰爭時被稱為SIDE 7的區域裡,迪坦斯不僅於其中一座殖民地綠色諾亞2中建設了軍事基地和工廠,還以巴斯克.歐姆為中心暗中進行MS的研發與測試。獲得綠色諾亞在進行新型鋼彈的性能測試這項情報後,在反地球聯邦組織幽谷中化名為克瓦特羅.巴吉納的夏亞.阿茲納布爾便潛入了該殖民地裡,並且試圖奪取該新型鋼彈,亦即鋼彈Mk-Ⅱ。地球聯邦軍派出吉姆Ⅱ部隊迎擊,卻接連遭到幽谷的里克.迪亞斯部隊擊墜。此事證明了吉姆Ⅱ早已成為落伍的MS。

由吉姆進行小幅度改款而成的吉姆Ⅱ

吉姆Ⅱ乃是由一年戰爭時期知名機種吉姆進行小幅度改款後予以量產的機型。儘管也引進了全周天螢幕等最新技術,但在此還是以外觀上的差異為中心和吉姆比較一番。

▲▶與MG吉姆Ver.2.0(照片左方)的比較。雖說套件本身是以吉姆Ver.2.0為基礎,不過整體輪廓的共通之處確實也不少。

頭部
▲頭部追加了感測器天線。眼部攝影機在外觀上則幾乎看不出差異。

胸部
▲修改重點在於加大了胸部排氣散熱口的尺寸,以及在左胸口頂面增設了感測器。由此可以理解到感測器類設備經過強化。

肩部
▲肩甲追加了姿勢控制推進器。隨著增設推進器,肩甲本身的尺寸也加大了。

推進背包
▲這裡也增設了感測器。由額外追加2具噴射口一事可知,機動性能也獲得了提升。

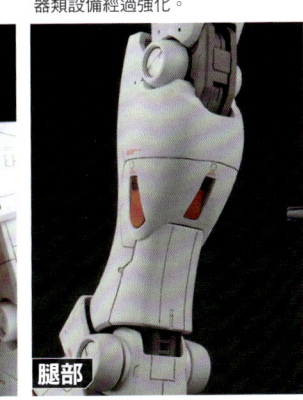

腿部
▲小腿肚處增設了3具推進器。在搭配肩甲處推進器的情況下,對於提高機動力有所助益。

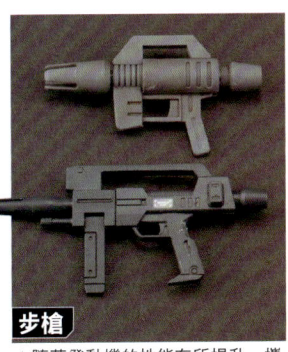

步槍
▲隨著發動機的性能有所提升,攜行火器也由光束噴槍升級為光束步槍。不過在這幾乎所有MS都能使用光束武器的時代中,這點已構不成任何優勢。

RMS-179 吉姆Ⅱ

BELONGING: EARTH FEDERATION FORCE　MODEL NUMBER: RMS-179　MODEL NAME: GM II

BANDAI SPIRITS
1/100 scale plastic kit
"Master Grade"

RMS-179 GM II

modeled & described by ORENGE-EBIS

MOBILE SUIT Z GUNDAM MS TECHNOLOGY　機動戰士Z鋼彈 MS科技發展沿革 U.C.0087

由1.5世代邁向第二世代
MS進入了世代交替的時代

雖然地球聯邦軍本身部署有許多吉姆II，卻也部署了不少後來由迪坦斯研發出廠的高性能薩克。儘管幽谷也有運用配色不同的吉姆II，但也被後來登場的尼摩奪走主力機種寶座。被歸類為1.5世代的吉姆II也就這樣逐漸將主力MS寶座讓給了第二世代MS。

▶將頭部火神砲用手鑽開孔,使該處能更具立體感。肩甲處推進器則是先將底面挖穿,再從內側黏貼塑膠板。

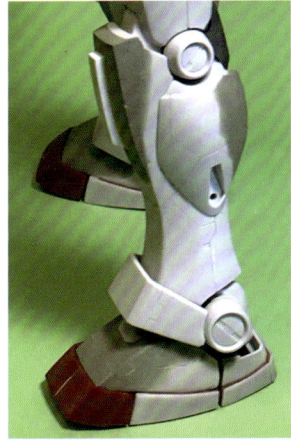

▲腿部是用補土為膝蓋和小腿肚增添分量。腳掌也將腳尖零件的位置與內部骨架錯開,以便往前移約2mm再重新黏合起來,因此產生的空隙就用補土填滿。靴子外圍亦黏貼了0.5mm塑膠板。至於腳背則是經由堆疊補土修改成更貼近設定圖稿中的形狀。

▲製作途中的全身照。由照片中可知,這件範例是以腿部為中心修改輪廓。亦可看出全身各處都有用鑿刀雕刻或黏貼塑膠板的方式追加細部結構。

包含HOBBY JAPAN月刊在內,各位真是好久不見了。睽違一陣子後,我要擔綱製作的主題是RMS-179吉姆Ⅱ。吉姆系也不斷地在改良,一下子就變得帥氣多了呢。

■頭部
將火神砲發射口用手鑽開孔。天線也稍微削磨得銳利點。為了避免這類細小零件和透明零件意外遺失或被弄壞,最好是放在夾鏈袋裡保管。

■臂部
將肩甲外側的推進器給挖穿,再從內側黏貼塑膠板重新塞住,藉此讓開口部位能顯得更深。

■腿部
由於覺得突然有點懷念,因此決定與現今流行逆向而馳,將腿部製作得粗壯些。將腳尖零件的位置與內部骨架錯開,以便往前移約2mm再重新黏合起來,因此產生的空隙就用補土填滿。靴子外圍亦黏貼了0.5mm塑膠板。至於腳背則是經由堆疊補土改成更貼近設定圖稿中的形狀。

由於整條腿看起來像是毫無立體感的棒子,因此先將膝蓋上的凸起結構削掉,再把膝蓋部位經由堆疊補土加厚約1mm。小腿肚也堆疊了約1mm的補土以增加立體感。只有紅色推進器部位是先切成片狀,再經由用塑膠板墊高的方式重新黏合固定。附帶一提,腿部的內部骨架是先上色完成,再黏合小腿肚零件,然後才進行後續加工作業的。

光束步槍在後側的凸起結構上設有掛載用孔洞,但這次派不上用場,因此乾脆填平。

■塗裝
配色表是完全按照說明書中的指示。若是想噴塗出與原有顏色相近的發色效果,那麼噴塗底漆補土之後,最好是再噴塗一層白色,但這次覺得藉由讓顏色稍微有點混濁來營造出硬派感也不錯,因此便直接進行塗裝了。

ORENGE-EBIS
HOBBY JAPAN月刊的資深職業模型師。擅長精確且紮實的形狀調整和細部修飾手法。

BELONGING：EARTH FEDERATION FORCE ｜ MODEL NUMBER：RMS-117 ｜ MODEL NAME：GALBALDYβ

繼承了吉翁遺傳基因者

1/100 scale scratch built

RMS-117
GALBALDYβ

modeled&described by Keita YAGYU

考驗駕馭者的機動性

　　雖然卡爾巴迪β是由屬於第一世代MS的卡爾巴迪α進行小幅度改款而來，不過機動性極高，即便是與同時期研發的高性能薩克這類第二世代MS相較也毫不遜色。但這等機動性也導致難以駕馭，只有熟練的駕駛員才能操控自如，可說是相當極端的機體。在與幽谷的MS部隊交戰時，就是由老練駕駛員萊拉・米拉・萊拉搭乘這個機種出擊，更令卡密兒駕駛的鋼彈Mk-Ⅱ等機體陷入了苦戰。

運用數位建模手法
自製出1/100比例的
卡爾巴迪β立體作品！

一年戰爭後受限於財政困難，地球聯邦軍只好透過對既有機種進行小幅度改款來整頓戰力。作為其中一環的，就是以舊吉翁軍的MS-17卡爾巴迪α為基礎，進而研發出的卡爾巴迪β。儘管名為小幅度改款，卻也引進了懸吊式座椅和全周天螢幕等改良，憑藉著機體本身具有高超機動性這個特色作為根基，可說是發揮出了不遜於次世代機種的性能。這件範例乃是運用3D軟體進行數位建模做出的1/100比例作品。不僅具備以設定圖稿為準，未添加任何額外詮釋的輪廓，更融合了最新風格的細部結構表現，可說是定案版的卡爾巴迪β。

RMS-117
卡爾巴迪β

1/100比例
自製模型

製作・文／**柳生圭太**
　　　　　（RAMPAGE）

▲機械手和駕駛艙均採用了當時最新的技術。機械手具備此時代MS的標準設計，也就是內藏多功能發射器。

▲即便是採用了舊有的鈦合金材質，卻比RMS-106高性能薩克更輕盈約2t，這同時也是得以具備高機動性的理由所在。但裝甲輕量化也導致有著嚴重損及耐彈性的問題。兵裝均為選配式裝備，並未持有固定式兵裝亦可說是這個機種的特徵之一。

居於第一世代與第二世代之間位置的機種

卡爾巴迪β可說是一年戰爭剛結束後，要從第一世代往第二世代MS這個新基準進行發展途中的機種。在此將確認其中一隅。

頭部

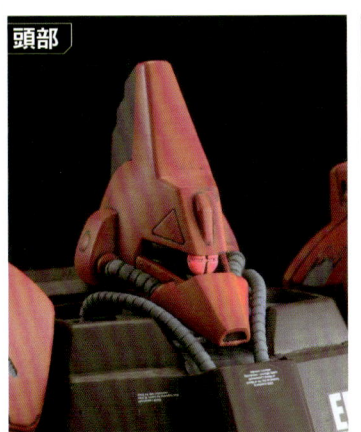

▲卡爾巴迪β在頭部組件上與作為該系譜起源的傑爾古格相似。在里克·迪亞斯身上也能看到的十字紋路型單眼可說是吉翁系技術明證。頭頂部則是內藏有信號彈發射裝置。

駕駛艙

▲由卡爾巴迪α施加改良而成的部位之一就是駕駛艙。這裡採用了懸吊式座椅和全周天螢幕。儘管駕駛艙蓋和駕駛艙區塊設置於左胸處，但未能騰出足夠的空間，因此前往駕駛艙的入口相當狹窄。

武裝

▲▶儘管光束步槍在外形上跟傑爾古格攜行所使用的很像，但實際上是截然不同的東西。除了瞄準用感測器經過強化之外，亦變更為E彈匣式的設計。E彈匣則是裝填於握把內。另外，護盾和鋼彈Mk-Ⅱ的一樣備有伸縮機構。

RMS-117 卡爾巴迪β

031

機動戰士Z鋼彈 MS科技發展沿革 U.C.0087

對數位建模稍加介紹

這件範例幾乎整個都是用數位建模方式製作而成。在此要介紹其中一部分的作業過程。

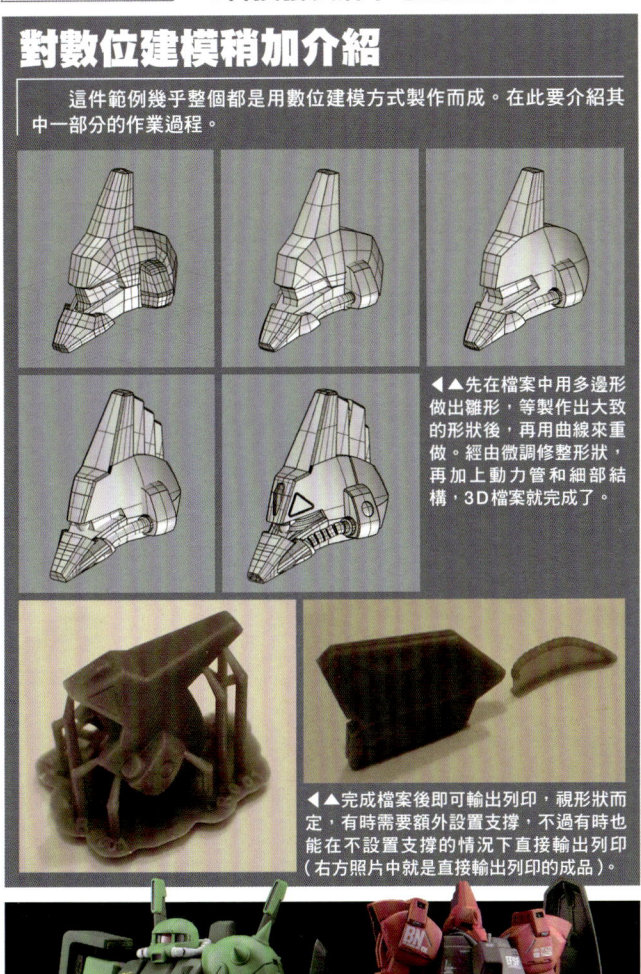

◀▲先在檔案中用多邊形做出雛形，等製作出大致的形狀後，再用曲線來重做。經由微調修整形狀，再加上動力管和細部結構，3D檔案就完成了。

◀▲完成檔案後即可輸出列印，視形狀而定，有時需要額外設置支撐，不過有時也能在不設置支撐的情況下直接輸出列印（右方照片中就是直接輸出列印的成品）。

▲與高性能薩克合照。這件範例是製作成全高19cm的尺寸，可說是忠實地採用1/100比例立體重現。

配合這次的《機動戰士Z鋼彈》特輯，我要擔綱製作卡爾巴迪β。這件範例幾乎整個都是用數位建模方式做出的。以尊重當年TV動畫首播時設定圖稿中的外形為前提，將呈現有別於現今風格的1980年代感作為目標。不准將身體拉長！不准把腳掌改苗條，亦不可把腳跟改成高跟鞋風格！連同縮小頭冠尺寸在內也全都不可以！也就是與現今的流行正好相反，要做出有著扁平足大腳丫，而且還是以曲面為主體的組件架構。相對於令人懷念的外形，作為令和時代範例應有的面貌，亦會致力於細部結構、紋路，以及機身標誌等表現上。

不僅如此，既然是《Z鋼彈》特輯，考量到該時代MS的特徵，範例中也準備了動畫裡做出細膩演出時各式小道具。例如信號彈、黏著彈發射器，以及全周天螢幕之類的。這些都是採用替換組裝方式來呈現。

頭冠可經由替換組裝重現信號彈發射狀態。左手食指根部也準備了黏著彈發射器的發射口。駕駛艙蓋製作成了獨立零件，可重現開闔狀態，身體裡還製作出了全周天螢幕的艙蓋結構。裝甲部位利用積層結構表現出該處是疊合多層既薄又輕盈的裝甲而成。至於各部位的細小圓形結構則是設想成全周天螢幕用小型攝影機。

手肘、膝蓋等關節使用了金屬製彈簧銷。手掌取自市售的EIGHT品牌製手掌零件。這部分是拿13.0mm尺寸的搭配裝設手背護甲零件而成。

儘管武器在HOBBY JAPAN月刊2020年4月號中有稍微提過，但基本上是以傑爾古格的步槍為基礎，經由追加瞄準器和E彈匣的方式來做出這挺步槍。為了表現握把裡裝有E彈匣，這部分有製作得粗一點。最重要的數位建模部分是先從用多邊形做出雛形開始，等做出大致的尺寸和外形後，再改用曲線來重新繪製各個面。形狀定案後即可加上細部結構。等到整體的所有零件都湊齊後，就要對組件的尺寸和位置進行微調。進行到最後一步時，還調整了頸部位置之類的細節。

由於零件尺寸較大，為了避免輸出列印時出狀況，因此是直接設置在輸出板上進行列印的。另外，各組件、細部結構都設為錐面，以便盡可能地在不設置支撐的情況下進行輸出列印。

在配色方面是以首播時的顏色為參考，並且調得稍微深一點。為了象徵這是隸屬於波士尼亞號的萊拉座機，因此自製了由B和N組成的機身標誌水貼紙。其他水貼紙則是拿EIGHT品牌製設計水貼紙的圖樣來搭配。

下次也想再做個著重於呈現外形的作品！

柳生圭太
合同會社RAMPAGE的代表之一。參與了產品研發和原型製作，有時也會以職業模型師的身分大顯身手。

BELONGING : TITANS
MODEL NUMBER : RMS-108
MODEL NAME : MARASAI

第二世代MS的嶄新標準機種

BANDAI SPIRITS 1/100 scale plastic kit
"Master Grade"

RMS-108 MARASAI

modeled&described by MATSU-O-JI(firstAge)

賈布羅基地攻略戰

為了阻止幽谷的賈布羅基地攻略戰，迪坦斯的MS部隊也跟著衝入了大氣層，然而賈布羅基地內的幹部早已撤離，用核彈毀掉整座基地的倒數計時也開始了。傑利特駕駛馬拉賽追進基地裡後與百式爆發遭遇戰，但終究不敵百式的俐落身手，不得不選擇撤退。

對各處微調與追加細部結構
讓優秀套件更顯精緻

馬拉賽乃是作為高性能薩克的後繼機種，由AE社研發而成的攻擊用MS。不僅結合了幽谷從鋼彈Mk-Ⅱ身上分析所得的可動骨架，還有里克·迪亞斯所採用的鋼彈合金γ等技術，更是以吉翁公國軍既有技術為基礎，以進行量產為前提設計的。這件範例正是以被譽為傑作套件，至今仍深受好評的MG馬拉賽為題材，透過將腿部延長和對各處進行微調，以及追加細部結構等方式，使套件的整體面貌能顯得更為精緻。更搭配了在動畫中令人印象深刻的隔熱傘系統，還請各位仔細品味一番。

RMS-108 馬拉賽
BANDAI SPIRITS
1/100比例 塑膠套件
"MG"

製作·文／MATSU-O-JI
（firstAge）

U.C.0087
與鋼彈Mk-Ⅱ交戰

儘管傑利特為了擊退基地內的幽谷MS部隊而持續迎戰，卻遭遇到打算救出蕾柯亞，正駕駛著鋼彈Mk-Ⅱ在四處搜索的卡密兒，結果爆發了激烈戰鬥。傑利特的馬拉賽被鋼彈Mk-Ⅱ開槍擊斷了左臂，後來雙方射出的光束正好彼此打個正著，導致引發強烈火光。鋼彈Mk-Ⅱ趁隙離開戰線，馬拉賽則是陷入癱瘓狀態，傑利特只好當場放棄這架機體。

機動戰士Z鋼彈 MS科技發展沿革 U.C.0087

結合薩克Ⅱ設計概念
與嶄新技術革新所造就的高性能機種

馬拉賽是僅由AE社內吉翁公國系技術人員所研發出的機種，繼承了許多吉翁系MS的基因。

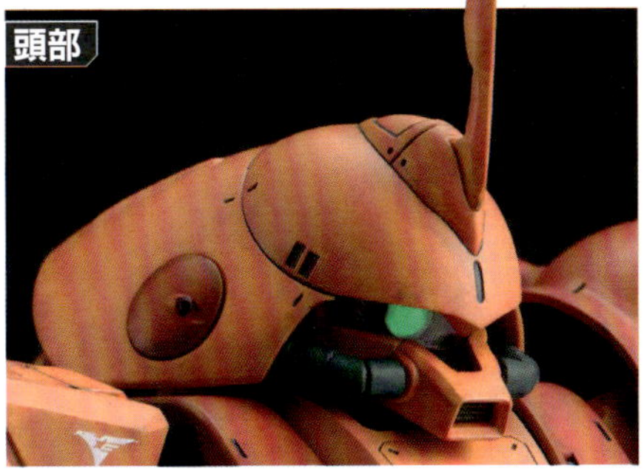

▶頭部組件在單眼、散熱口、動力管等特徵方面留有濃厚的薩克Ⅱ色彩。頭部側面則是備有以吉翁系設計來說很罕見的火神砲。另外，更搭載了刃狀天線來強化通信機能。

頭部

護盾

▲駕駛艙內配備有懸吊式座椅和全周天螢幕。在性能上比高性能薩克的更好，亦解決了缺點。

▲雖然推進背包比高性能薩克的小巧，但隨著發動機提高了輸出功率，推力也得以提升。

胸部 **推進背包**

▲▶大型護盾具有折疊功能。在停放於機庫裡或衝入大氣層時多半會折疊起來。內側掛載有2柄光束軍刀。有別於高性能薩克，馬拉賽能夠同時使用光束步槍與光束軍刀。

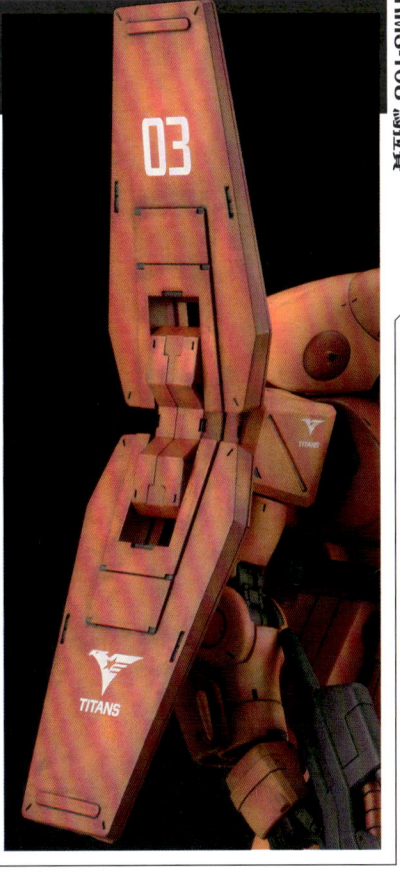

RMS-108 馬拉賽

037

▼能藉由隔熱傘系統衝入大氣層，這可說是MS運用方式在U.C.0087年時產生的重大改變之一。隔熱傘系統幾乎可供所有種類的MS使用，除了馬拉賽之外，高性能薩克和卡爾巴迪β，以及幽谷的機體也都有運用過這種裝備。

▲雖然馬拉賽是高性能薩克的後繼機種，但起初其實是為了供幽谷使用而研發的，後來基於政治等方面的考量才讓渡給了迪坦斯。

▼套件（MG馬拉賽）中附有名為「環狀連接零件」的新型連接零件，只要將它裝在隔熱傘系統上，即可像照片中一樣擺出如同耍特技般的動作。

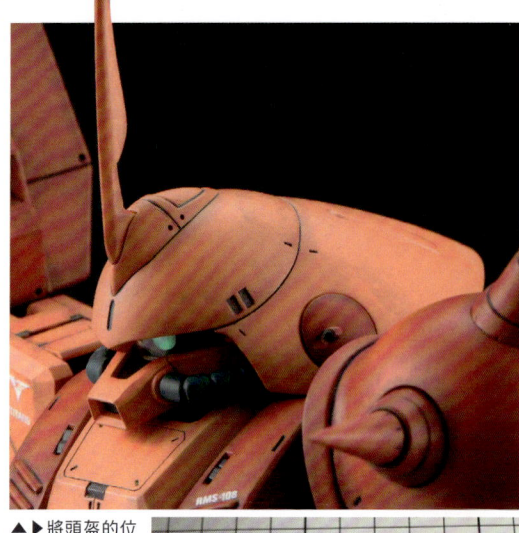

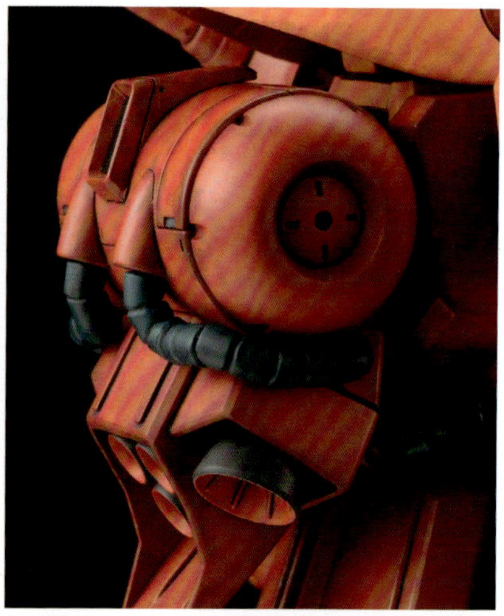

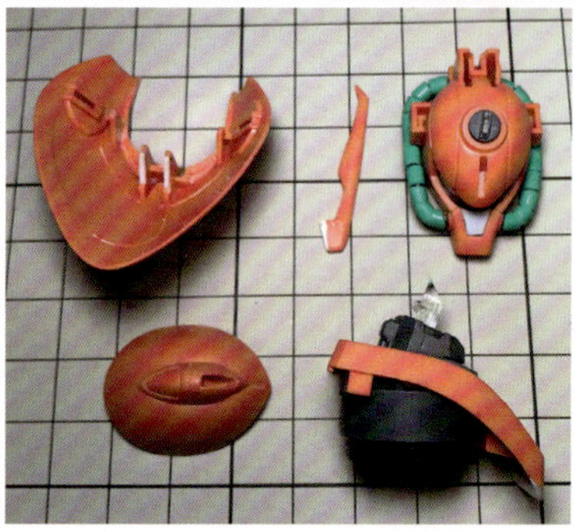

BELONGING：TITANS
MODEL NUMBER：RMS-108
MODEL NAME：MARASAI

▲▶將頭盔的位置稍微往前移一點，刃狀天線的角度也調整得稍微往前傾一點，將嘴部散熱口削磨成往末端收窄的形狀，並將頂面溝槽用塑膠板修改得寬一點。

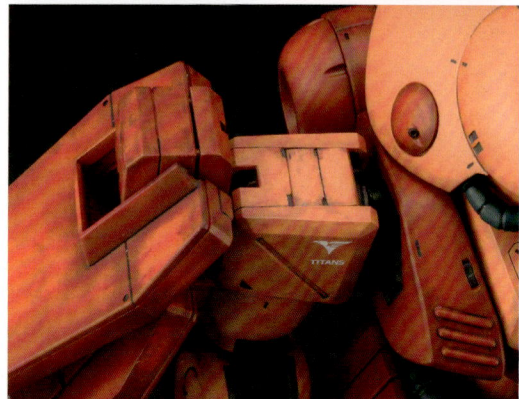

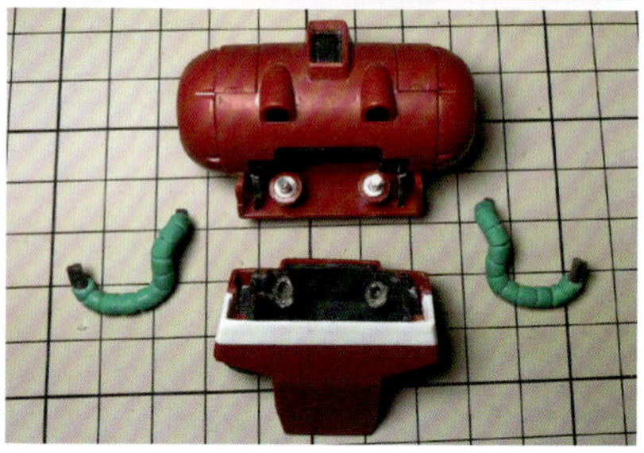

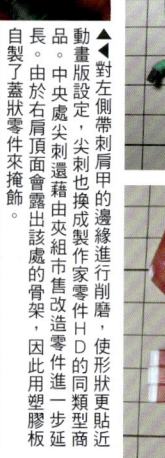

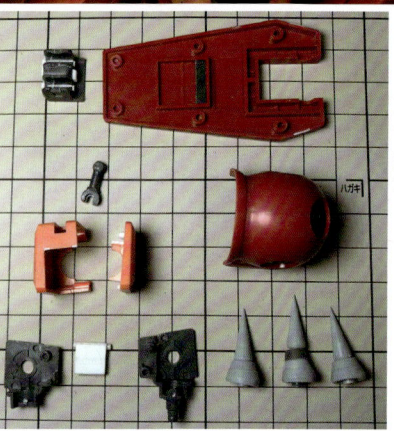

▲◀對左側帶刺肩甲的邊緣進行削磨，使形狀更貼近動畫版設定，尖刺也換成製作家零件HD的同類型商品。中央處尖刺還藉由夾組市售改造零件進一步延長。由於右肩頂面會露出該處的骨架，因此用塑膠板自製了蓋狀零件來掩飾。

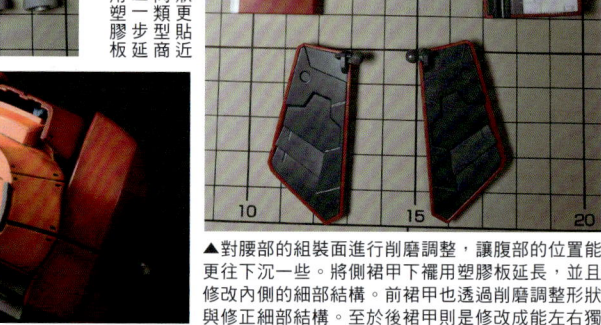

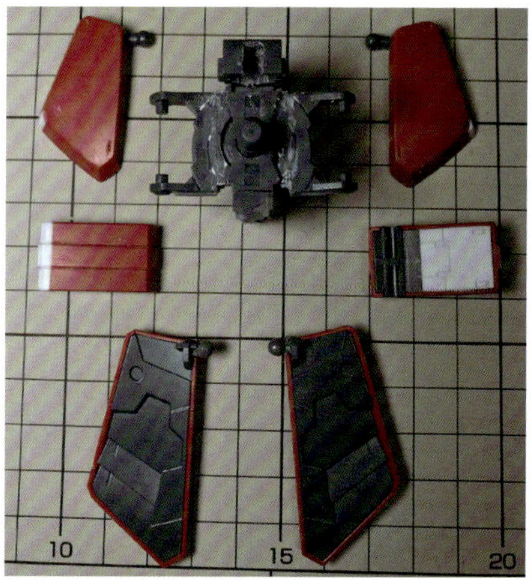

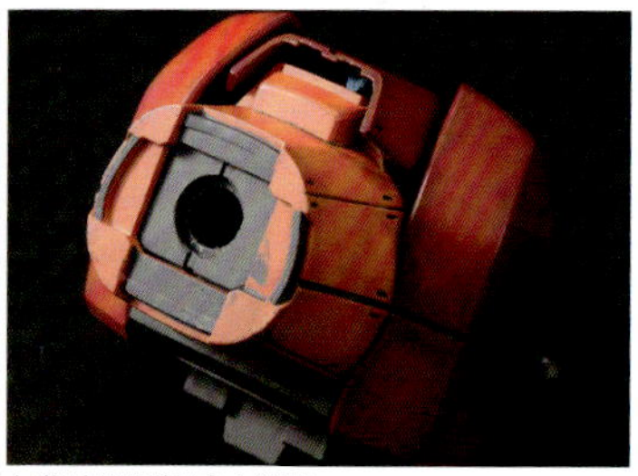

◀將推進背包的燃料槽和噴射口組件暫且分割開來，等修改過角度後再重新黏合固定。動力管則是追加了一節以塞滿空隙。

▲對腰部的組裝面進行削磨調整，讓腹部的位置能更往下沉一些。將側裙甲下襬用塑膠板延長，並且修改內側的細部結構。前裙甲也透過削磨調整形狀與修正細部結構。至於後裙甲則是修改成能左右獨立活動的形式。

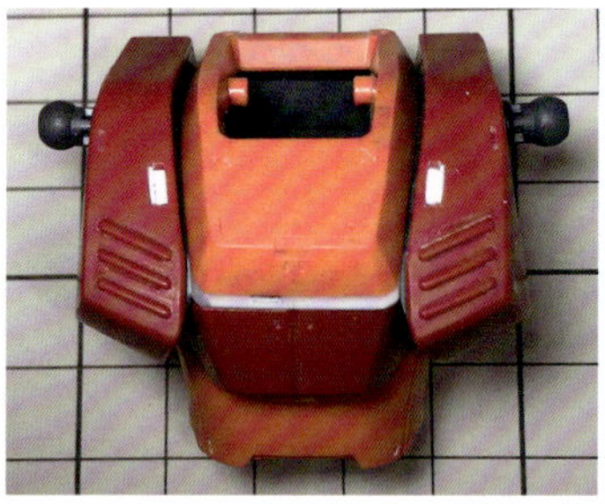

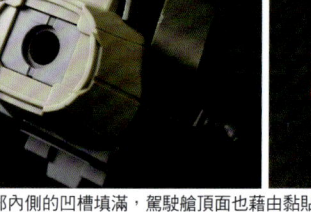

◀▲將胸部內側的凹槽填滿，駕駛艙頂面也藉由黏貼塑膠板減少縫隙。

這次我要為U.C.0087特輯擔綱製作馬拉賽。一提到馬拉賽就會聯想到隔熱傘對吧，因此這次也收到了要一併製作隔熱傘系統的指示。其實MG馬拉賽本身已經是很不錯的套件了，這次我也就根據個人喜好到處修改了一番。

■製作

就體型來看，張開雙腿擺出站姿時，總覺得腿短了點，於是便將大腿骨架給延長。由於給人不太協調的感覺，因此將腹部的組裝位置稍微往下移，使身體能顯得短一點。

該怎麼修改頭部才好頗令我煩惱，最後決定將頭盔稍微往前移一點，也讓刃狀天線稍微往前傾一些。嘴部削磨成往末端收窄的形狀，還將頂面的溝槽給增寬。

將帶刺肩甲的邊緣削磨得平緩些，尖刺換成了製作家零件HD的同類型商品。右肩頂面則是新增了可動式的蓋狀零件。

由於前裙甲的角度頗令我在意，因此將側裙甲的裝設位置往後移，使前裙甲能稍微往後傾斜。

臉部和推進背包的動力管都為稜角部分動力管削掉銳角，並且增加一節。腰部動力管則是適度裁切芯材以調整長度。

追加細部結構時是以一字形的為中心。紋路類並非只是純粹追加上去，而是想營造出刻線兩側分屬不同零件的感覺，因此還將刻線進一步雕成V字形以追加倒角，以便造就分屬不同零件的獨立感。

儘管單眼可藉由加裝LED組件發光，但視角度而定，有時單眼中央會顯得毫無光芒，因此用透明零件塞入光纖和UV透明樹脂，並且在表面塗佈消光透明漆，使光芒能暈染開來。

MOBILE SUIT Z GUNDAM MS TECHNOLOGY U.C.0087
機動戰士Z鋼彈 MS科技發展沿革 U.C.0087

◀套件素組（照片左方※因為剛好買不到，所以改用鋼彈UC版替代）的比較。範例對腹部進行過削磨調整，為了不改變原有身高，延長大腿將腰部位置拉高。

▲▶將大腿的骨架與外裝甲零件一併延長動機構，將空隙用塑膠板覆蓋住。噴射口內側用市售改造零件添加了細部修飾。至於小腿外裝零件則是修改了分割方式，藉此讓接合線不會顯得很醒目。

▶為隔熱傘系統填滿原本可供其他MS使用的組裝槽，還用塑膠板自製出支架。更配合主體追加了細部結構。

隔熱傘系統的前側沒有裝設用支架，這部分就用塑膠材料來自製，使該處能配合胸部的結構自由裝卸。裝設於腿部的推進器原本將噴射口與風葉製作成一體成形結構，因此先將風葉削掉，再重新雕刻噴射口，然後用塑膠板重製風葉。

■塗裝

一提到馬拉賽，就會聯想到橘色。原本想著重於呈現良好發色效果，但又希望能表現出MS的厚重感。起初打算運用近來重新獲得肯定的筆觸技法來做些什麼，但為了自己在這方面欠缺經驗與自信而煩惱一陣子後，決定採取先用筆塗方式來塗裝底色，再用噴筆進行塗裝的手法。底色是先噴塗粉紅色底漆補土後，再針對紋路和稜邊用噴筆來噴塗出較粗的陰影色（這次是選用褐色）。

再來是用沾取了溶劑的漆筆以拍塗方式將陰影色給抹掉。我不小心留下過多的筆觸，其實應該要留意別讓筆觸顯得太誇張才對。最後是用噴筆來施加光影塗裝。

隔熱傘也是用相同手法塗裝的。推進背包處感測器是先為透明零件黏貼取自RG能天使鋼彈的電鍍貼紙，再進一步塗裝透明綠而成。

完工修飾選用了效果很穩定的GX114超級柔順型透明漆來噴塗覆蓋整體。我認為效果看起來挺不錯的，不知各位覺得如何呢。

MATSU-O-JI
十分擅長從消光質感塗裝到舊化處理的技法，為隸屬於firstAge的關西模型師。

041

BELONGING : A.E.U.G.
MODEL NUMBER : RMS-099
MODEL NAME : RICK-DIAS

邁向次世代的先驅

BANDAI SPIRITS 1/100 scale plastic kit
"Master Grade"

RMS-099 RICK-DIAS

modeled & described by Kei☆TADANO

與迪坦斯爆發武力衝突

迪坦斯乃是以追緝吉翁殘黨為任務而編制的地球聯邦軍特種部隊。自從於U.C.0083年組成後，在軍方內部就不斷地擴張勢力。U.C.0087年3月2日時，幽谷旗下偵察部隊潛入了建有迪坦斯軍事基地的SIDE 7所屬殖民地綠色諾亞2（青翠綠洲），還在該地發現正再進行運用試驗的鋼彈Mk-Ⅱ，為了奪取鋼彈，該幽谷部隊與前來迎擊的迪坦斯部隊爆發了武力衝突。日後所謂的格里普斯戰役也就此揭開序幕。

擴大腰部&腿部的可動範圍
讓單眼發光來進一步提升魅力

　　以夏亞・阿茲納布爾從阿克西斯帶回來的鋼彈合金γ技術為基礎，由AE社研發出的新世代MS正是里克・迪亞斯。具備了神似一年戰爭後期知名機種德姆，充滿了重量感的外形和單眼機構，令人聯想到吉翁系的設計概念。另外，遭到抹消研發記錄的鋼彈試作2號機在它身上亦隱約留有幾分影子。這件範例乃是出自只野☆慶之手。為了能擺出將武器抵在腰際的姿勢，範例中擴大了腰部和腿部的可動範圍，還追加了單眼的燈光機構等修改，藉此以這款出色套件的體型為基礎，進一步造就與動畫中形象相符的里克・迪亞斯。

RMS-099
里克．迪亞斯
BANDAI SPIRITS
1/100比例 塑膠套件
"MG"

製作・文／**只野☆慶**

MOBILE SUIT Z GUNDAM MS TECHNOLOGY
機動戦士Ζ鋼彈／MS科技發展沿革 U.C.0087

BELONGING: A.E.U.G.

MODEL NUMBER: RMS-099

MODEL NAME: RICK-DIAS

BANDAI SPIRITS 1/100 scale plastic kit
"Master Grade"

RMS-099
RICK-DIAS

modeled&described by Kei☆TADANO

在阿克西斯與AE社技術融合下造就的傑作機種

經由融合夏亞從阿克西斯帶回的技術，以及AE社本身的技術，造就了比以往第一世代更為進步許多的MS。

頭部

▲有著與阿克西斯製MS卡薩系列相似的半固定型單眼，這也是身為吉翁系MS繼承者的證明。頭部內藏有設置了全周天螢幕的駕駛艙區塊，頭部外罩裡更備有在近身戰時能派上用場的火神方陣快砲。

重裝甲

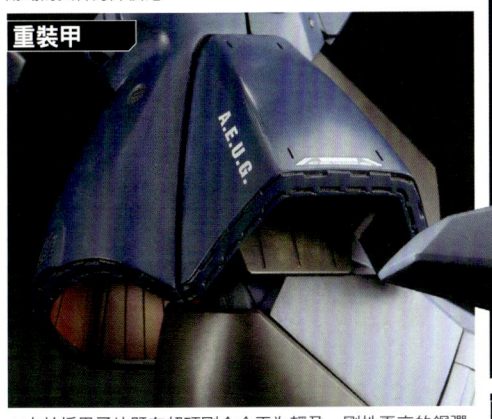

▲由於採用了比既有超硬鋼合金更為輕盈、剛性更高的鋼彈合金γ這種新材質，因此里克·迪亞斯獲得出色的綜合性能。再加上經由疊合裝甲而成的重裝甲技術，使得裝甲變得更為牢靠。

機械手

▲機械手可以說是AE社製這個世代機體的特徵之一。指頭根部備有多功能發射器，可供射出黏著膠，或是接觸迴路用纜線。

武裝

▲▶配備了黏著彈火箭砲、光束手槍、光束軍刀等具備優秀生產性和通用性的攜行式火器。光束手槍在掛載於背部的狀態下也能直接開火射擊。另外，平衡推進翼不僅能自由裝卸，亦有作為投擲式武器使用的例子。

平衡推進翼

▲平衡推進翼具有作為輔助推進系統的推進器和增裝燃料槽，亦兼具AMBAC肢體等功能。當然也備有姿勢控制用噴射口，因此能發揮靈活的機動力。

RMS-099 里克·迪亞斯

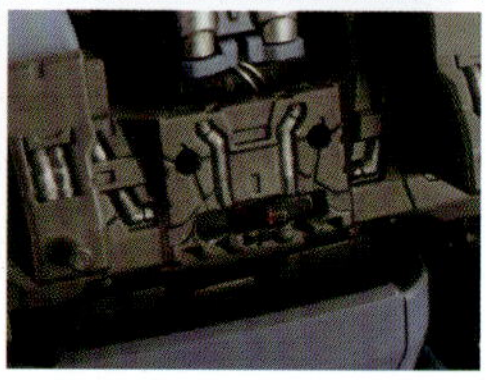

BELONGING : A.E.U.G.

MODEL NUMBER : RMS-099

▼▲為單眼在胸部骨架內設置由「燈光浮標＆竿尾掛燈用鋰電池 Panasonic BR425/2B 3V」、微型開關、晶片型LED構成的電路作為燈光機構。晶片型LED前端還黏貼了H‧眼3mm，藉此靠著透鏡效果擴大光源，然後將套件原有的透明零件給罩上去。單眼左右兩側還用塑膠材料追加了細部結構。

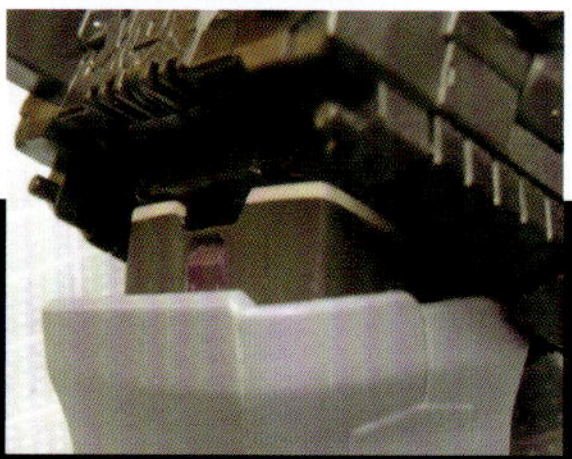

◀▲對腹部內側進行削磨，騰出前俯時所需的空間。前俯之際會外露的空隙也用剩餘零件製作了蓋狀零件加以掩飾。

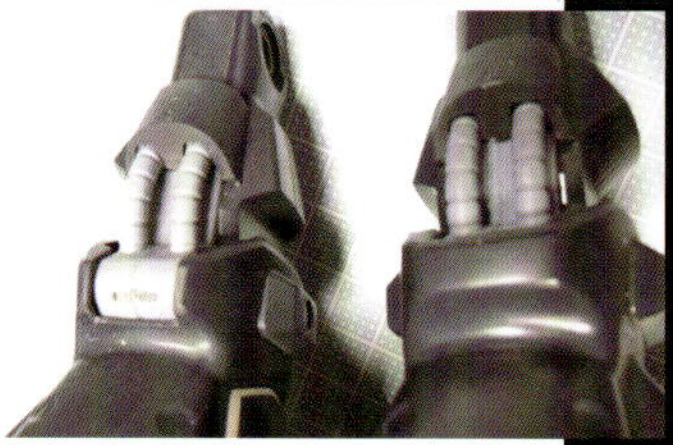

◀▶為膝蓋背面裝甲削出缺口以擴大可動範圍。膝關節也用塑膠材料等物品延長，藉此減少裝甲空出來後的縫隙。至於踝關節則是調整了軟膠零件的角度再重新固定住。

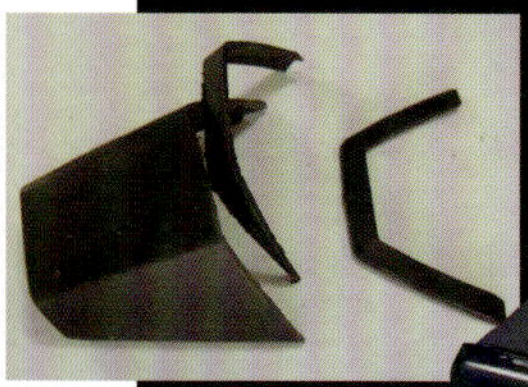

▲▶為了擴大腳踝的可動範圍，因此將腿部外裝零件的下襬削掉約2〜3mm。膝裝甲則是改拿HG羅森‧祖魯的零件來製作，更保留了原有軟膠零件，使這部分能活動。

046

▶製作途中的全身照。前裙甲用塑膠材料加大了尺寸。小腿外裝零件則是修改了分割方式。

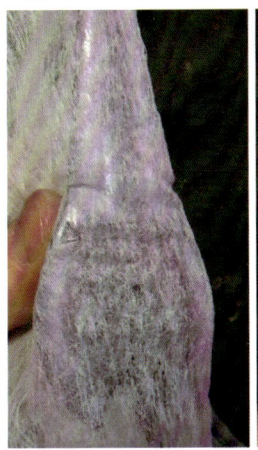

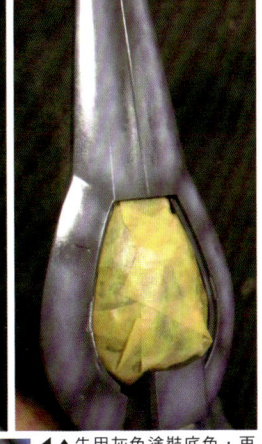

◀▲先用灰色塗裝底色，再用白色施加光影塗裝，等乾燥後拿換氣扇濾網以遮蓋的方式隨機塗佈色之源洋紅，這樣就完成進行基本塗裝前的底色了。噴塗基本色時要適度拿捏調整，透過營造出滲色效果賦予更多變化。

MOBILE SUIT Z GUNDAM MS TECHNOLOGY U.C.0087
機動戰士Z鋼彈 MS科技發展沿革

■第二世代MS

第二世代MS乃是誕生於一年戰爭後的混沌時勢中。包含融合了吉翁公國系與聯邦系雙方技術，還有採用了以鋼彈合金γ和AMBAC系統為代表的新技術等特色在內，里克·迪亞斯在研發上有著諸多值得一提的逸聞。例如將各部位徹底組件化，便於整備改裝的通用性；藉由複合裝甲與可動骨架得以維持剛性&輕量化，這些由日後各式MS所繼承的技術都十分值得一提。

那麼接下來在以各個組件為單位，針對作為基礎套件的MG里克·迪亞斯進行驗證之餘，亦要一併施加具有說服力的改裝。

■腿部

為了提高股關節的剛性，於是在軸棒內部打樁黏合3mm黃銅管。就腿部整體必須進行姿勢控制和推力控制的觀點來考量，可動範圍顯然太狹窄了，照套件的分割方式來看，推進器似乎也有所不足，範例中也就針對這方面施加大幅度修改。首先是將膝蓋背面裝甲削出缺口以擴大可動範圍，再將腳踝處球形關節用軟膠零件的組裝基座暫且分割開來，以便修改成傾斜30度的模樣再重新固定住，球形關節根部也為了用黃銅管強化而分割開來。再來是修改下襬一帶的裝甲分割方式，藉此確保各部位組件的剛性和整備性。還將小腿正面下襬往內側削短2～3mm，藉此減少卡住腳掌的幅度，裝甲截面的細部結構也全數重雕。更在為骨架下襬部位追加複數推進器之餘，亦一併在裝甲內側用塑膠板追加紅色的耐熱板。至於腳掌則是不僅追加了分割部位，還拿範例中未使用到膝裝甲零件來發揮一番，將它作為暗示該處備有可動機構的細部結構使用。

■胸部&頭部

將前裙甲用塑膠材料加大尺寸，後裙甲也施加了將可動軸給延長等修改，藉此擴大可動範圍。單眼不僅在外緣追加了細部結構，還在內部設置晶片型LED，並且將線路經由頭部後側拉進胸部裡，以便在胸部裡設置以浮標用電池為核心的電路。微型開關則是設置在胸部骨架後側。另外，為用0.5mm手鑽將火神方陣快砲的砲口開孔，並且為會被外罩蓋住的頭部這側截面追加細部結構。

■塗裝

塗裝前要先用粉末狀清潔乳劑洗淨零件，徹底做好脫脂和提高塗料咬合力的處理。配色是以包裝盒畫稿的色調和風格為參考。

配色表

主體暗藍部位＝CB01鋼鐵藍→C50透明藍
紫灰色部位＝C72中間藍＋C1白色＋C3紅色（6:4:少許）
紅色部位＝UG20 RX-78紅→XC03紅寶石紅
棕色部位＝C41紅棕色＋AVC01石墨黑（1:1）
黏著彈火箭砲＝C40德國灰＋C1黑色＋珍珠黑（1:1:少許）

用舊化漆入墨線，並且用好賓牌油畫顏料的永固白、黃赭施加濾化。

只野☆慶

以經手各種造形、設計，以及模型製作為業。格外擅長40歲～50歲玩家群取向的作品。在造形和塗裝的表現也相當多元，亦以精通舊化手法著稱。

BELONGING : A.E.U.G.

MODEL NUMBER : MSN-00100

MODEL NAME : HYAKU-SHIKI

夏亞的全新座機

BANDAI SPIRITS 1/100 scale plastic kit
"Master Grade"

MSN-00100
HYAKU-SHIKI

modeled&described by KOJIMA DAITAICHO

空中的攻防戰

在基地內繳獲加爾達級奧特穆拉號後，阿含號MS部隊便逃出了賈布羅基地。在與地面的反地球聯邦組織卡拉巴會合後，隨即一路趕往備有太空梭的太空港口。然而奧克蘭的新人類研究所察覺了其動向，於是派出以新型可變MA亞席瑪為中心的追擊部隊。夏亞則是駕駛百式搭乘德戴改前往迎擊。

048

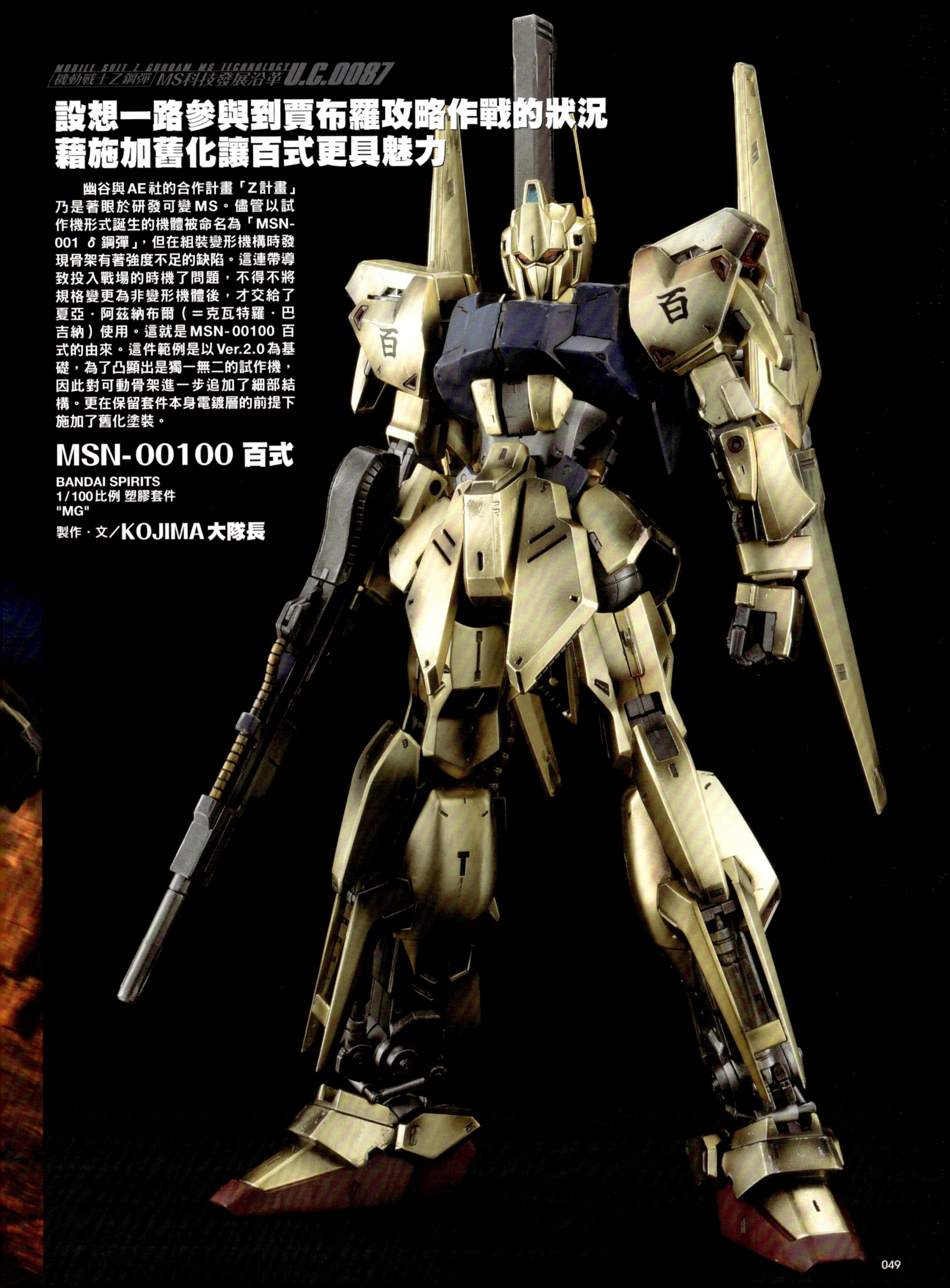

設想一路參與到賈布羅攻略作戰的狀況
藉施加舊化讓百式更具魅力

幽谷與AE社的合作計畫「Z計畫」乃是著眼於研發可變MS。儘管以試作機形式誕生的機體被命名為「MSN-001 δ 鋼彈」，但在組裝變形機構時發現骨架有著強度不足的缺陷。這連帶導致投入戰場的時機了問題，不得不將規格變更為非變形機體後，才交給了夏亞・阿茲納布爾（＝克瓦特羅・巴吉納）使用。這就是MSN-00100 百式的由來。這件範例是以Ver.2.0為基礎，為了凸顯出是獨一無二的試作機，因此對可動骨架進一步追加了細部結構。更在保留套件本身電鍍層的前提下施加了舊化塗裝。

MSN-00100 百式
BANDAI SPIRITS
1/100比例 塑膠套件
"MG"

製作・文／KOJIMA 大隊長

MOBILE SUIT Z GUNDAM MS TECHNOLOGY U.C.0087
機動戰士Z鋼彈 MS科技發展始章 U.C.0087

BELONGING: A.E.U.G.

MODEL NUMBER: MSN-00100

MODEL NAME: HYAKU-SHIKI

BANDAI SPIRITS
1/100 scale plastic kit
"Master Grade"

MSN-00100
HYAKU-SHIKI

modeled & described by KOJIMA DAITAICHO

在阿克西斯與AE社技術融合下造就的傑作機種

百式乃是在Z計畫研發主任永野博士的主導下製造完成，儘管不得不從可變機體更改為非變形機體，但隨著引進了從迪坦斯陣營奪到鋼彈Mk-Ⅱ後分析所得的可動骨架，便得以讓機體性能維持在計畫之初所要求的高水準。

頭部

▲百式這款頭部組件可說是Z系列機種的原型所在，在相當於眼部攝影機的護目鏡內部搭載了「IDE系統（Image Directive Encode System＝圖像管理型編碼化裝置）」這種特殊感測器系統。在對接收到的資訊做高速處理或是進行精密瞄準時，雙眼攝影機偶爾會有著發光或浮現獨特掃瞄模式的現象。

抗光束覆膜

▲裝甲所散發出的金色光芒據說來自一種抗光束覆膜功能合成樹脂乳膠漆，或是結合複數聚合物材質薄膜積層的超強化塑膠裝甲。雖說名為抗光束覆膜，但實際上承受不住被光束兵器直接擊中，頂多只有視遭擊中的角度而定，能夠「將光束往機體外彈開」的效果而已。

駕駛艙

▲百式的頭部裡有絕大部分都用來設置感測器裝置，再加上連同變形機構的需求都納入評估後，結果就是僅止於設計成較小巧的尺寸，無法像里克·迪亞斯一樣將駕駛艙區塊設置於頭部。不過隨著進行了重新審視里克·迪亞斯的基礎構造，還有引進鋼彈Mk-Ⅱ的可動骨架技術，以及縮小發動機尺寸等的基礎構改革後，得以像聯邦軍系列機種一樣成功地在身體裡騰出設置懸吊式座椅和全周天螢幕的空間。

機械手

▲機械手和里克·迪亞斯的一樣內藏有多功能發射器。可從該處射出纜線或黏著彈。

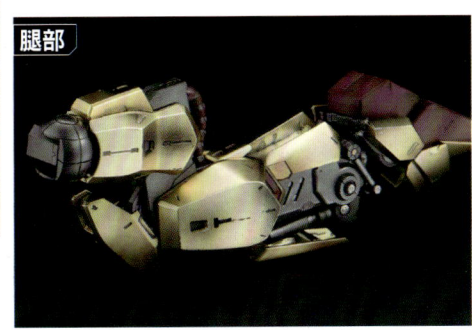

腿部

▲腿部留有濃厚的可變機色彩。受惠於可動骨架的構造，得以像Z鋼彈變形為穿波機時一樣折疊起來。

平衡推進翼

▲百式的平衡推進翼也被稱為可動式平衡翼，儘管這個機構是由里克·迪亞斯的發展而來，但從外形等方面仍可以看到可變機的影子。從後來Z改系也採用了同類型設計來看，作為機翼使用的功能確實較為顯著。這組平衡推進翼備有姿勢控制用噴射口，無論是在重力環境下或太空中都能有助於發揮高機動性。

MSN-00100 百式

U.C.0087
賈布羅基地攻略戰

為了攻陷迪坦斯的據點，亦即位於南美的賈布羅基地，幽谷的MS部隊經由衝入大氣層進行空降。迪坦斯的MS部隊也為了阻止該行動而出擊。雙方MS先是在低軌道上交戰，然後紛紛直接衝入大氣層。戰場就此轉往賈布羅上空。百式成功來到地表上空後，隨即與搭乘在飛行裝甲上的卡密兒機鋼彈Mk-Ⅱ會合。接著便迅速穿過來自賈布羅基地的激烈迎擊，潛入了位在洞窟裡的基地內部。

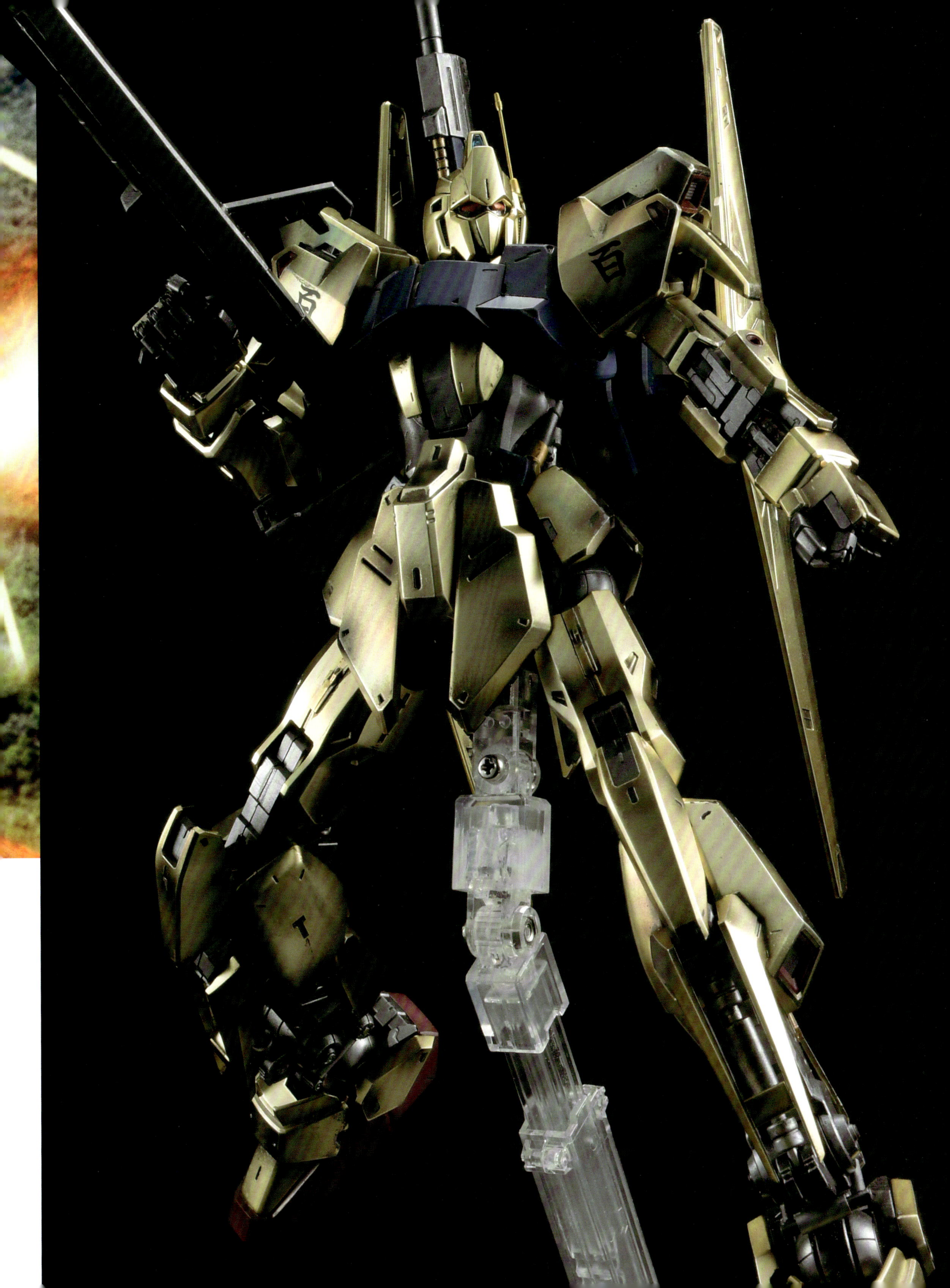
百
百

BELONGING：A.E.U.G.

MODEL NUMBER：MSN-00100

MODEL NAME：HYAKU-SHIKI

▲頭部天線使用了HIQ PARTS製MK天線。雖然雙眼攝影機原本就設有內部結構，但還是在表面黏貼了WAVE製H‧眼，藉此讓該處能更具立體感。腹部並未使用後側的外零件，前側零件也削出了一步份缺口，使該處的骨架能夠外露。為了營造出留有變形機構的影子，因此還利用各種塑膠棒、塑膠管、剩餘零件在側腹部處追加了油壓桿。

◀▲為了凸顯聳起的肩甲，於是將肩甲處推進器用塑膠板墊高1mm。因此外露的骨架也並未遮掩起來，而是貼上蝕刻片製桁架作為細部修飾。

▲儘管並非經過改造之處，但還請看看作為Ver.2.0特徵之一的股關節機構。由於股關節軸能夠扇狀展開，因此能擴大股關節的可動範圍。在需要擺出大幅度張開雙腿的動作時能派上用場。

▲與套件素組狀態（照片左方）的比較。由照片中可知，隨著將腳踝延長3mm，頭身比例也被拉長了。而且這件範例確實是在保留套件原有電鍍層的狀況下製作完成。

　　這次在製作MG百式Ver.2.0時，我試著向以機體的實際運作狀況為鑑，並且在保留電鍍層的情況下施加塗裝挑戰。為了保留電鍍層，這次也就完全未對外裝零件進行裁切或黏貼之類的加工，僅致力於為骨架部位添加細部結構。另外，基於本書特輯的內容，這件百式是設想為處於出廠後在大氣層軌道上進行戰鬥→空降至地表上再度歷經戰鬥後，暫時由奧特穆拉號收容這個階段的模樣。由於只能仰賴在奧特穆拉號的機庫甲板進行整備，因此儘管在機械方面做過維修，但在裝甲的更換和清理方面無法做得很充分，而範例中也將藉由塗裝手法來表現這點。

　　以體型來說，這款套件在鋼彈型裡算是相當帥氣的了，基於進一步凸顯這點的考量，範例中將肩甲處推進器的基座用塑膠板墊高1mm，使肩甲能聳起得更高。這樣一來也能順便遮擋住肩甲前後零件內側的凹槽。儘管墊高後也會導致原本被外裝零件遮住的骨架外露，但範例中並未刻意遮掩，而是藉由黏貼蝕刻片製桁架當細部結構處理。

　　踝關節部位原本就是骨架外露之處，屬於需要添加細部修飾的地方。範例中用黃銅管和剩餘零件為腳踝追加了油壓桿，周圍也用剩餘零件添加修飾。關節部位則是延長了3mm，藉此確保可動範圍。

　　用各種塑膠棒和塑膠管追加了在Z系範例上常見的側腹部油壓桿，藉此表現出留有可變機的影子作為點綴。接著還為腹部骨架的溝槽插入1mm塑膠板，只要將前述塑膠管黏合在這裡，為了上色而進行拆裝時會方便許多。

　　為了讓胸部裝甲看起來像是獨立的零件，因此用BMC鑿刀謹慎地雕刻出逆向稜邊，更修改了一部分刻線的粗細作為點綴。

　　雖說電鍍零件採用隱藏式注料口設計，但無論如何都會留下剪口痕跡，因此對剪口痕跡稍加修整後，拿gaianotes製4 ARTIST MAKER麥克筆來補色。之所以選用這款麥克筆，理由在於這是近來嘗試過的各式麥克筆中，它是顏色最為相似的一款。

MOBILE SUIT Z GUNDAM MS TECHNOLOGY U.C.0087

機動戰士Z鋼彈 MS科技發展沿革 U.C.0087

▲▶將腳踝的關節部位延長3mm。騰出的空間用黃銅管搭配剩餘零件追加了非可動式油壓桿。踝護甲側面的頂部也用剩餘零件添加些修飾。附帶一提，除了電鍍零件以外，其餘零件在噴塗透明漆層之後，都用水溶性色鉛筆在稜邊部位塗上明度較高的顏色。

▲百式的標準裝備為光束步槍與黏著彈火箭砲，兩者都可以掛載在背包上。

BANDAI SPIRITS 1/100 scale plastic kit
"Master Grade"
MSN-00100 HYAKU-SHIKI
modeled & described by KOJIMA DAITAICHO

在動畫中曾不時描述，即便這是一架備有抗光束覆膜的機體，克瓦特羅上尉卻也並未輕易讓敵機直接擊中，而是靠著巧妙地操作姿勢控制噴射口和推進器來閃避火線。既然如此，各部位推進器肯定也會留下極端頻繁使用的痕跡才對。範例中也就將這類髒汙表現列為重點。

在機動變更方向時最常使用到的，應該就屬肩甲和小腿側面的推進器了，範例中假設這類部位是將體積較小的液體燃料汽化後噴射出來，這樣一來，汽化熱應該多少會造成裝甲變色的現象，於是便根據雲母系的色澤變化，以及噴出的氣體中多少會有煤灰沾附在周遭去設想該如何施加髒汙塗裝。

降落至地球上後，光是憑奧特穆拉號的設施顯然無法重新施加覆膜，因此作為曾在蒙受爆風和衝入大氣層等嚴酷環境下運作的痕跡，範例中為機身各處都添加了煤灰類汙漬。這樣一來，應該就能隱約感受到在整備不足下持續奮鬥的氣氛吧？不過考量到克瓦特羅上尉經常用腳「踢」進行攻擊，因此只有踝護甲採用經由研磨恢復原有電鍍層的汙漬形式。這也是基於打從他駕駛薩克Ⅱ與鋼彈交戰後，應該會經常使用這種戰鬥模式的考量。這方面是藉由拿捏擦拭汙漬的幅度和添加銀色掉漆痕跡來表現。

儘管基本上是採取用噴筆來噴塗琺瑯漆的消光黑和紅棕色，再視部位而定，反覆進行適度擦拭的方式來施加舊化，不過我覺得電鍍層的光澤感和暗色彼此襯托，形成了很不錯的點綴不是嗎？

■配色表
骨架＝VO-04 骨架金屬色
藍＝VO-08 火星深藍
紅＝VO-07 玫瑰深紅
※以上均為gaianotes製gaiacolor

KOJIMA 大隊長
無論是半自製模型、添加細部修飾，還是舊化塗裝，精通各式技法的資深職業模型師。

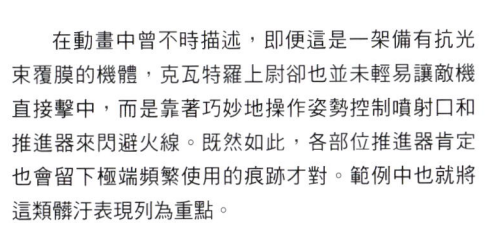

055

MOBILE SUIT Z GUNDAM MS TECHNOLOGY
機動戰士Z鋼彈 / MS科技發展沿革 U.C.0087

BELONGING:KARABA

GARUDA CLASS TRANSPORT PLANE

MODEL NAME:AUDHUMLA

巨大的翅膀

1/1500 scale scratch built
AUDHUMLA

modeled&described by Einosuke shodai HINO

從賈布羅前往希科里

　　幽谷MS部隊在逃出賈布羅時奪取了奧特穆拉號和蘇德里號作為移動手段。為了送幽谷的眾駕駛員重返太空，蘇德里號前往了甘酒迪宇宙基地。奧特穆拉號則是前往希科里。然而迪坦斯盯上了奧特穆拉號，遂以強化人羅莎米亞・巴達姆駕駛的蓋布蘭為首，派出了MS部隊進行追擊。

▲加爾達級在側面和後方均設有艙門，可供MS從任一處出擊。不過著艦時多半是使用後方艙門。側面艙門還能藉由專用軌道掛載長達約62m的勸誘級太空梭和太空梭用推進器並發射上太空。

056

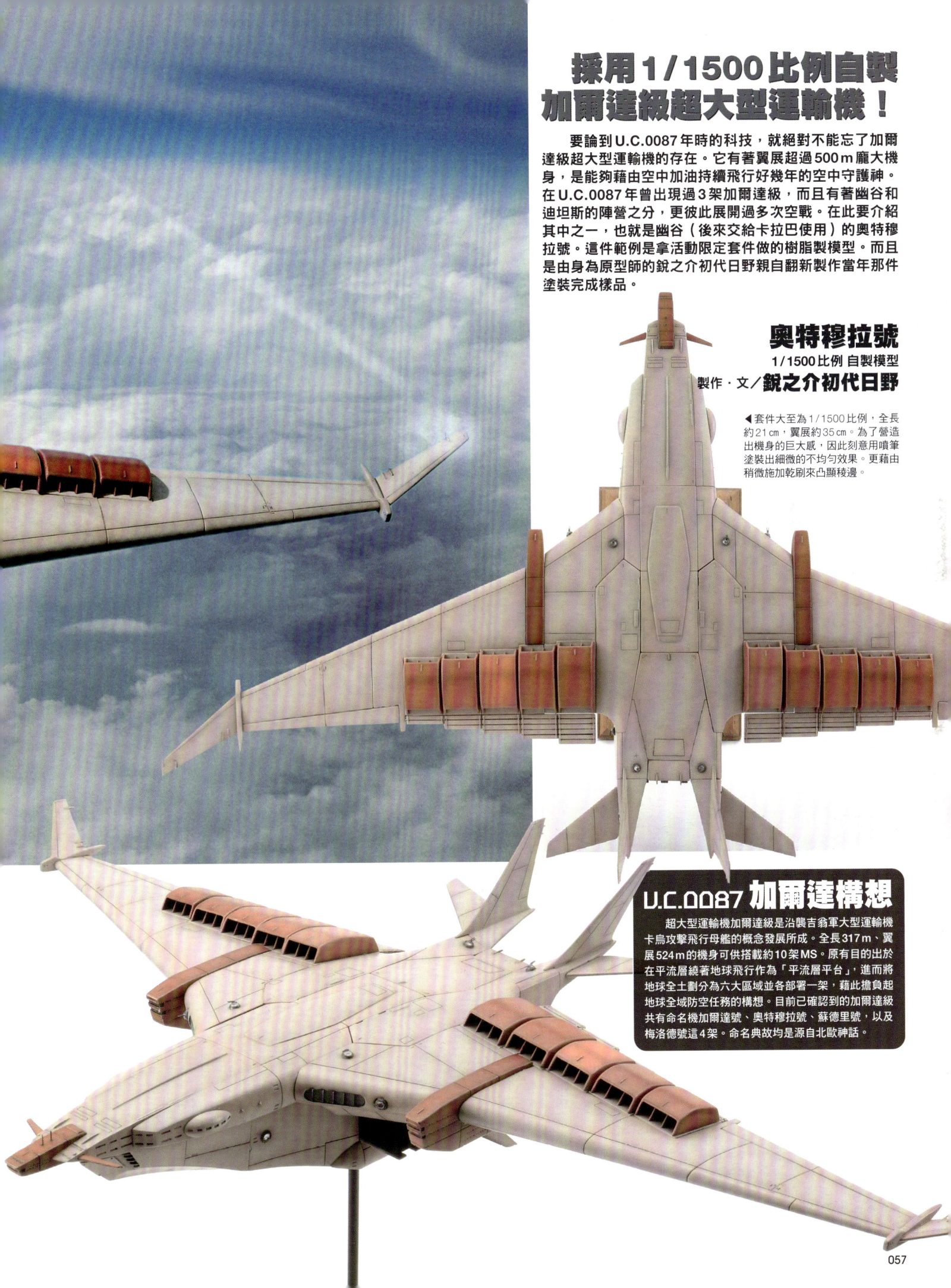

採用1/1500比例自製加爾達級超大型運輸機！

要論到U.C.0087年時的科技，就絕對不能忘了加爾達級超大型運輸機的存在。它有著翼展超過500m龐大機身，是能夠藉由空中加油持續飛行好幾年的空中守護神。在U.C.0087年曾出現過3架加爾達級，而且有著幽谷和迪坦斯的陣營之分，更彼此展開過多次空戰。在此要介紹其中之一，也就是幽谷（後來交給卡拉巴使用）的奧特穆拉號。這件範例是拿活動限定套件做的樹脂製模型。而且是由身為原型師的銳之介初代日野親自翻新製作當年那件塗裝完成樣品。

奧特穆拉號
1/1500比例 自製模型
製作・文／銳之介初代日野

◀套件大至為1/1500比例，全長約21cm，翼展約35cm。為了營造出機身的巨大感，因此刻意用噴筆塗裝出細微的不均勻效果。更藉由稍微施加乾刷來凸顯稜邊。

U.C.0087 加爾達構想

超大型運輸機加爾達級是沿襲吉翁軍大型運輸機卡烏攻擊飛行母艦的概念發展所成。全長317m、翼展524m的機身可供搭載約10架MS。原有目的出於在平流層繞著地球飛行作為「平流層平台」，進而將地球全土劃分為六大區域並各部署一架，藉此擔負起地球全域防空任務的構想。目前已確認到的加爾達級共有命名機加爾達號、奧特穆拉號、蘇德里號，以及梅洛德號這4架。命名典故均是源自北歐神話。

BELONGING:AEUG | GARUDA CLASS TRANSPORT PLANE | MODEL NAME：AUDHUMLA

▲儘管奧特穆拉號的MS部隊擊退了蓋布蘭，卻又遭到新型可變MA亞席瑪的襲擊。由亞席瑪率領的MS部隊企圖藉由只破壞艦橋來繳獲奧特穆拉號。雖然鋼彈Mk-Ⅱ和百式被亞席瑪的機動力玩弄於股掌之間，卻出現了意料之外的救兵前來相助。

▼由於加爾達級極為龐大，導致可供降落的基地僅限於賈布羅和加州基地等少數地方，因此機腹也設計成可供降落在水面上的龍骨狀。

058

機動戰士Z鋼彈 MS科技發展沿革 U.C.0087

▲從側面可以看到機庫內停放著百式、鋼彈Mk-Ⅱ、里克‧迪亞斯。除此之外，這款樹脂套件其實還附有同比例的基座承載機、Z鋼彈、高性能薩克、亞席瑪、吉姆Ⅱ、有鋼彈Mk-Ⅱ攀附著的太空梭用推進器，以及腦波傳導型鋼彈（機動要塞形態）等機體。

各位好，初次在本書見面，我是銳之介初代日野。從本期開始，我也會擔綱製作範例，還請各位多多指教了。

這件範例是拿我個人很久以前做的樹脂套件用原型來翻新製作，可說是睽違了15年之久的奧特穆拉號。細部也在添加若干修改後才正式亮相。

儘管這20多年來在各式樹脂套件即售會活動中，我向來都是以NDOPARAYA初代組為名專注在推出船艦上，其中卻也有著奧特穆拉號這架唯一的飛機。畢竟真要說起來，奧特穆拉號實在是大得驚人，不僅翼展超過愛爾蘭級戰艦的全長，MS的搭載數量也很多，這些特色都深深吸引著身為船艦愛好者的我。況且它也算是一架水上飛機，也就是機腹設有可供水上航行的龍骨。在舊設定中基於守護四方的神獸這個典故，應該僅有加爾達號、奧特穆拉號、蘇德里號，以及梅洛德號這4架才對，但不知不覺間又冒出了源自漫畫的艾伯綽斯號，以及源自電玩軟體的格維許號和和平號，搞得如今我也不曉得究竟總共有幾架了（笑）。

這次拿當年製作時搭載的MS和百式等新作機體來搭配，營造出幽谷對決迪坦斯的氣氛。既然如此，在塗裝上採取稍微偏向動畫寫實的風格可能會比較好吧？於是基於這個想法，採用了CG風格不均勻光影塗裝＋乾刷的手法來呈現。也就是先噴塗褐色作為底色，再噴塗暗紅膚色，以及用明亮的粉紅色進行超細噴，藉此營造出三階段的不均勻感。不過即便以褐色為底色，一旦透色還是會變得偏藍，因此各顏色都得著重於加入較多的紅色、黃色來調色才行。受到不均勻效果的影響，細部結構會變得比較難以辨識，這方面就仿效動畫中的黑白描圖方式，視情況藉由乾刷來提高對比感。

難得有機會刊載在雜誌上，那麼這次舉辦C3時就睽違已久地再次販售奧特穆拉號吧！

銳之介初代日野
電擊HOBBY月刊所主辦賽事的「電擊鋼彈模型王初代冠軍」。後來以該雜誌為中心大顯身手，更出版了個人著作。如今也在MODEL Art月刊上擔綱連載單元。這次是首度為本書擔綱製作範例。

BELONGING: A.E.U.G.
MODEL NUMBER: MSA-003
MODEL NAME: NEMO

幽谷的高性能主力量產機

BANDAI SPIRITS 1/100 scale plastic kit
"Master Grade"

MSA-003 NEMO

modeled & described by Kazuhisa TAMURA

最尖端技術的結晶

尼摩雖然乍看之下像是由吉姆Ⅱ發展而來的，但實際上是結合當時諸多最尖端技術所打造出的高規格機種。儘管是以量產化為前提，卻也參考了里克‧迪亞斯和百式採用可動骨架，就連裝甲亦是使用鋼彈合金γ。在通用性方面也非常高，同樣的零組件足以適應從太空到重力環境、從寒帶到熱帶地區，甚至是高海拔帶也不成問題，可說是名副其實的新世代量產型MS。

060

MOBILE SUIT Z GUNDAM MS TECHNOLOGY U.C.0087
機動戰士Z鋼彈 / MS科技發展沿革 U.C.0087

調整各部位的均衡感
和追加細部結構
讓整體更顯精緻

尼摩乃是由幽谷與AE社合作研發的量產型MS。儘管起初是打算將馬拉賽交給幽谷運用的，但基於政治方面的考量而讓給了迪坦斯，作為替代提供給幽谷的就是這個機種。這件範例出自田村和久之手。他以設計簡潔且易於組裝的MG套件為基礎，對駕駛艙和腰部一帶的均衡感進行調整。不僅如此，更藉由追加細部結構和運用水貼紙增添裝飾，造就了令人覺得更為精緻的作品。

MSA-003 尼摩
BANDAI SPIRITS
1/100比例 塑膠套件
"MG"
製作・文／田村和久

MOBILE SUIT Z GUNDAM MS TECHNOLOGY
機動戦士Z鋼彈 MS科技發展沿革 U.C.0087

BANDAI SPIRITS 1/100 scale plastic kit
"Master Grade"

MSA-003 NEMO

modeled&described by Kazuhisa TAMURA

BELONGING : A.E.U.G.
MODEL NUMBER : MSA-003
MODEL NAME : NEMO

U.C.0087
鋼彈合金γ的量產化

尼摩和同時期研發的迪坦斯用機種馬拉賽最值得一提之處，應該就屬裝甲材質了。研發里克·迪亞斯之際就已運用到夏亞從阿克西斯帶回來的鋼彈合金γ技術。應用了鋼彈合金γ的量產技術後，得以進一步提高性能和降低生產成本。因此也促成了帶量生產高性能機種，對於幽谷在最後取勝有著莫大貢獻。尼摩奠定了新世代量產機的典範，日後的傑作機種傑鋼亦繼承了其技術。

並非吉姆Ⅱ，反而該說是近乎鋼彈Mk-Ⅱ的高性能量產機種

尼摩與僅止步於改良的吉姆Ⅱ在研發經緯上截然不同。除了外觀和頭部護目鏡以外，實質上反而更近似鋼彈Mk-Ⅱ。

頭部
▲雖然架構近似吉姆系，但宛如鋼彈系的左右兩側散熱口相當引人注目。隨著提高了攝影感測器性能，護目鏡的面積設計得較為狹窄。

胸部
▲包含駕駛艙區塊和胸部左右兩側散熱口在內都有著與鋼彈Mk-Ⅱ相近的構造。

▲與吉姆Ⅱ的合照。儘管看起來像是同為吉姆型的，但在性能面上有著所謂第一世代與第二世代的龐大差距。

光束軍刀
▲有別於吉姆Ⅱ，和鋼彈型一樣配備了2柄光束軍刀。

攜行武裝
▲光束步槍使用和吉姆Ⅱ同型的。護盾則是採用了和鋼彈Mk-Ⅱ一樣的伸縮式機構。

MSA-003 尼摩

BELONGING: A.E.U.G.

MODEL NUMBER: MSA-003

MODEL NAME: NEMO

▶將頭部護目鏡的上下寬度修改得窄一點，左右零件處雕刻了0.3mm線條。頭部後側下緣也用塑膠板延長，將該處攝影機的底邊往上移。攝影機先用市售改造零件做出內側零件，再蓋上用廢棄框架自製的透明零件。

▲將前臂處○形結構改用市售細部修飾零件重製。這部分是先用3mm鑽頭挖穿，再插入3mm塑膠棒來調整位置，並且作為市售細部修飾零件的黏貼面。

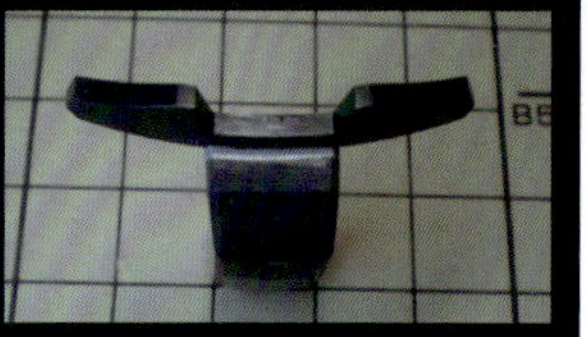

▲在頸部零件底面黏貼塑膠板以延長1mm。腹部則是將套件原有的機械狀細部結構用塑膠板覆蓋住，藉此修改成裝甲面。

▲將用來組裝側裙甲的結構分割開來，藉此將位置往內縮減1mm，並且為底面黏貼塑膠板加以補強。

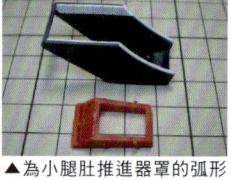

▲為小腿肚推進器罩的弧形部位黏貼0.5mm塑膠板，藉此減少與左右裝甲之間的縫隙。推進器罩內側容易被窺見處則是黏貼了條紋塑膠板。

▲腹部正面裝甲往內移1mm。這部分是先將該處分割開來，再經由夾組塑膠板的方式重新黏合固定住。

▲將前裙甲藉由在側面黏貼塑膠板的方式加大尺寸。

064

機動戰士Z鋼彈 MS科技發展沿革 U.C.0087

▲這是噴塗底漆補土前的全身照。為各處追加細部結構的作業是先噴塗底漆補土，再用自動鉛筆描繪出草稿，接著用筆刀徒手雕出V字形溝槽的刻線，然後才進行表面處理的。

尼摩乃是幽谷的主力MS。儘管經常被拿來與格里普斯戰役時期的量產機吉姆Ⅱ相比較，但它可是採用了可動骨架的高性能機種呢。從推進器、姿勢控制噴射口的配置方式來看，亦與日後的名作機種傑鋼具有共通之處，足以窺見它的完成度有多高。

這件範例是以MG套件為題材。修改各部位形狀時是以刊載在組裝說明書中的KATOKI HAJIME老師筆下畫稿和動畫版用設定圖稿為參考，並且在確認過套件本身均衡感的前提下進行調整。然後在不會顯得過於繁雜的範圍內，基於整備性等方面的考量來追加細部結構。

頭部是為護目鏡上下兩側各黏貼0.5mm塑膠板，使該處能顯得更細長。配合前述修改，黃色的感測器也往前移0.5mm，還對下巴進行削磨，藉此調整均衡感。由於頭部後側感測器顯得長了點，因此將底邊往上移1mm。感測器本身則是先將內部給挖穿，再塞入類似攝影機的細部結構零件，然後蓋上用廢棄框架自製的透明零件。另外，火神砲也換成了市售的金屬零件。

接著是修改幅度最大的身體部位。首先是腹部裝甲上下兩截中的上側。對與駕駛艙蓋區塊相連的正面線條進行削磨，藉此將原有的水平線修改為斜面。畢竟該部位的線條是我個人認為在尼摩整體設計中最具特色之處，也是能明顯感受到尼摩與吉姆Ⅱ差異何在的地方。配合更動前述線條的作業，腹部下側裝甲也用塑膠板修改了形狀，還將內部骨架會卡住這裡的部分給削掉。腰部上側裝甲板是先從腰部正面區塊上分割開來，藉此往內移1mm後再重新黏合固定住。另外，還將用來組裝側裙甲的結構分割開來，以便將位置往內移1mm。

追加的細部結構有紋路和一字形結構這兩種。紋路是基於整備性和成本的考量來追加。舉例來說，上臂就是詮釋成前後兩側為對稱的零件，以便降低生產成本和在受損時能快速完成更換。另外，小腿正面裝甲在設定中的長度達到7m之多，若是在整備時需要卸下來的話，從尺寸、重量等方面來看，肯定會對第一線整備人員造成不小的負擔。因此範例中詮釋成分割為上下兩塊的形式，這樣不僅能減少拆卸之際的負擔，要是有一部分受損了，更換成本也只要約一半即可解決。至於一字形結構則是以將裝甲用起重機之類工具吊起時會使用到的吊鉤扣具孔洞為藍本，基本上都是鑿挖成0.4mm×2mm的孔洞。

田村和久
在電擊HOBBY月刊上出道後，包含友誌在內以鋼彈模型為中心大顯身手。細膩作工和紮實的改造品味備受肯定。

BELONGING: A.E.U.G. & KARABA

SUB FLIGHT SYSTEM

巨人之翼

BANDAI SPIRITS 1/144 scale plastic kit
"High Grade UNIVERSAL CENTURY"

DO-DAI-KAI

modeled&described by Manabu KIMURA

MODEL NAME: DO-DAI KAI

大氣層內用S.F.S. 德戴改

　　輔助飛行系統是以轉用攔截轟炸機的形式為源頭。自U.C.0079年起，用於擔綱將推進劑有限的MS運輸到戰場上，並且從空中攻擊地面兵器的任務已有8年之久。到了U.C.0087年時，S.F.S已透過極力廢除攜行武裝達到輕量化，以及將輔助MS飛行與運輸列為主要目的而重新設計。儘管備有駕駛艙，卻也能由MS這端進行控制，得以在無人駕駛的狀態下運用。德戴改為幽谷和卡拉巴所使用的機種。以最高速度可達馬赫0.93為傲。

◀範例中僅將設置在左右動力組件外側的機槍更換為市售細部修飾零件，其餘部位均維持套件原樣。製作時在保留成形色之餘，亦藉由用噴筆為稜邊和紋路噴塗陰影色來增添陰影。供MS搭乘的踏板部位也拿銀色琺瑯漆添加了掉漆痕跡，藉此營造出久經使用的感覺。

MOBILE SUIT Z GUNDAM MS TECHNOLOGY U.C.0087
機動戰士Z鋼彈 / MS科技發展沿革 U.C.0087

採用保留成形色並噴塗陰影的簡易製作法來完成

U.C.0087年時，作為MS空中代步工具的，正是輔助飛行系統（SUB FLIGHT SYSTEM），簡稱為S.F.S.。憑藉著能在大氣層內自由翱翔的機動力，以及視機種而定，最多可以搭載兩架MS的便利性等功能，成為了可變MA以外的大氣層內戰鬥重要功臣。在此所介紹的，正是幽谷和卡拉巴所運用的德戴改。儘管是發展自一年戰爭時期的德戴，但在外觀上幾乎已看不出原本的影子。這件範例本身是PREMIUM BANDAI販售商品，製作時是在保留成形色之餘，亦藉由用噴筆施加陰影塗裝賦予顏色深淺變化，更運用水洗和添加掉漆痕跡來營造出久經使用的感覺。

德戴改
BANDAI SPIRITS
1/144比例 塑膠套件
"HGUC"
製作・文／木村學

▲為了追求作為S.F.S.的功能，因此機身盡可能設計得極為扁平。

▲套件中備有能連接可動展示架的組裝槽，因此能展示成飛行狀態。亦備有替換組裝式的起落架零件，可供擺設成停放狀態。

德戴改作為S.F.S.的特徵

德戴改乃是針對特化為S.F.S.而改良＆設計而成。接下來將利用範例來確認這個機種的特徵何在，藉此證明德戴「改」並非浪得虛名。

駕駛艙
▶動畫中多是在無人駕駛狀態下，但仍備有駕駛艙，因此也能作為獨立機體運用。

握把
▶可供MS用機械手抓住的握把為伸縮式機構，在單獨飛行時會收納進機身裡。由於MS進行操縱時則是經由握把上的連線系統進行。

動力組件
▶左右兩側搭載了熱核噴射推進式組件。由於機身中央是特化成搭載MS用的空間，因此推進器完全都設置在左右兩側。

底面踏板
▶從機身內可伸出用來固定MS的底面踏板。只要配合握把使用，即可牢靠地將MS固定住。

▲附帶製作的HG吉姆Ⅱ雖然未經改造，卻是全面塗裝完成的作品。只有手掌沿用了HG吉姆改附屬的握拳狀零件。

■前言
這款德戴改是以PREMIUM BANDAI販售商品形式推出的全新開模製作套件。還參考了《機動戰士鋼彈UC》中的基座承載機等機體追加了模型原創細部結構，在密度感的表現上也非常完美呢。另外，還有著接合線幾乎都設置在不醒目的地方，配色也幾乎都能靠著成形色重現等優點，可說是完成度極高的一流套件。範例中在保留成形色之餘，亦以用噴筆施加陰影塗裝和水洗為中心進行舊化，藉此製作得更具寫實感。

■製作
接合線很明顯的地方只有左右推進組件而已。由於該處的主翼為夾組式設計，因此先將連接部位削出C字形缺口，使主翼能分件組裝，再進行無縫處理。左右兩側機槍則是進一步黏貼了市售改造零件，使該處能更具立體感。另外，為了便於替駕駛艙的窗框分色塗裝，製作時有事先用鑿刀將顏色邊界線重雕得更深。

■塗裝
用為成形色加入黑色調出的顏色針對稜邊和紋路噴塗陰影。接著為Mr.舊化漆的多功能黑加入少量地棕色拿來施加水洗兼入墨線。再來是拿銀色琺瑯漆以MS搭乘時會觸碰到的地方為中心施加海綿掉漆法。最後是用TAMITA舊化大師的煤灰色等顏色沿著空氣流動方向添加垂流痕跡，這樣一來就大功告成了。

■後記
就尺寸來看，要像動畫中一樣並排搭乘兩架MS顯然有困難，不過多買幾架來搭載百式、鋼彈Mk-Ⅱ、迪傑，以及里克・迪亞斯等機體肯定會更有意思，玩法也會更為多樣化喔。

由攔截轟炸機到S.F.S.
（輔助飛行系統）

輔助飛行系統乃是U.C.0079年時將攔截轟炸機予以轉用而誕生的。在運用之初只是視為「讓MS能在空中運用」的工具，但到了8年之後的U.C.0087年時，包含這裡介紹的幽谷陣營用德戴改，以及地球聯邦軍和新吉翁使用的基座承載機等機種在內，已有著各式各樣的大氣層內用S.F.S.。在此將藉由立體產品從作為S.F.S.基礎的德戴YS開始介紹其研發系譜。

德戴YS
ROBOT魂〈SIDE MS〉
德戴YS & 古夫配件套組
ver. A.N.I.M.E.

這是吉翁公國軍旗下的攔截轟炸機。在MS於一年戰爭中登場後，便作為輔助MS移動的飛行支援機運用而活躍在戰場上。不過因為原本就是攔截轟炸機，所以載著超過50t重的MS飛行時實在難以發揮機動力，而且也有著遭到戰鬥機之類攻擊之際其實相對地脆弱的一面。全長為23m。機首處備有8門飛彈發射器，為載人機。

德戴II
1/144比例 EX模型（製作／木村學）

這是吉翁公國軍旗下機種。是由德戴YS以供MS運用為前提進行重新設計而成。廢除了機首處飛彈發射器，改為加強熱核噴射引擎。將即使載著MS也能發揮機動力納入了考量。在駕駛艙組件後側搭載有機槍。由於是在短期間內進行改良設計的，因此在輪廓上與原有的YS相近，這也導致在性能方面並沒有提升太多。

德戴改
1/144比例
HGUC

這是幽谷和卡拉巴所使用的機種。或許是因為設計出自前吉翁尼克公司的研發團隊之手，所以儘管在外形上並沒有那麼相似，卻還繼承了德戴這個名稱。隨著將熱核噴射推進組件分別設置在左右兩側，得以擴大MS用的搭載空間。從備有握把和伸縮式底面踏板等設備可窺見，這是打從一開始就作為S.F.S.進行研發的。

BELONGING: EARTH FEDERATION FORCE　MODEL NUMBER: ORX-005　MODEL NAME: GAPLANT

新人類研究所的TMA

BANDAI SPIRITS 1/144 scale plastic kit
"High Grade UNIVERSAL CENTURY"

ORX-005 GAPLANT

modeled & described by Hiroyuki NODA

突襲奧特穆拉號

　　由強化人羅莎米亞‧巴達姆駕駛的可變MA蓋布蘭直逼卡密兒等人所搭乘，正往希科里前進的奧特穆拉號而來。為了迎擊排除長程移動用選配式推進器後便急速爬升的蓋布蘭，百式搭乘著德戴改出動。儘管卡密兒無視於夏亞的忠告，亦駕駛著鋼彈Mk-Ⅱ搭乘德戴改出擊，卻遭到能靈活操控可動護盾，還能在空中自由飛翔的蓋布蘭玩弄於股掌之間。

MOBILE SUIT Z GUNDAM MS TECHNOLOGY
機動戰士Z鋼彈 MS科技發展沿革 U.C.0087

改良各關節與添加細部修飾

蓋布蘭乃是由地球聯邦軍奧克蘭研究所進行研發的可變MS。左右前臂備有能靈活調整方向，還具備出色向量推進功能，更施加了抗光束覆膜而能作為強韌護盾使用的可動護盾，可說是一架高機動型的可變MS。這件範例乃是由野田啓之擔綱製作的。他維持了套件本身就設計得相當不錯的體型，致力於為各裝甲添加細部修飾，以及改良各部位關節。藉此造就既剽悍又充滿力量感的蓋布蘭。

ORX-005
蓋布蘭

BANDAI SPIRITS
1/144比例 塑膠套件
"HGUC"
製作・文／野田啓之

MOBILE SUIT Z GUNDAM MS TECHNOLOGY U.C.0087
機動戦士Zガンダム モビルスーツ・テクノロジー U.C.0087

BELONGING: EARTH FEDERATION FORCE
MODEL: ORX-005
MODEL NAME: GAPLANT

▼選配式推進器本身具備60,600kg的推力，不僅能用於蓋布蘭的推進輔助，還能一路爬升至平流層，得以藉此執行高度迎擊，甚至是經由彈道軌道展開超音速進攻行動。

BANDAI SPIRITS 1/144 scale plastic kit
"High Grade UNIVERSAL CENTURY"
ORX-005 GAPLANT
modeled & described by Hiroyuki NODA

▲可動護盾的末端在內部備有光束步槍和收納式握把，可用機械手在抓住握把的情況下進行射擊。

可動護盾賦予的高機動性與靈活性

蓋布蘭的首要特徵，正在於雙臂所配備的可動護盾（平衡推進翼）。除了能作為護盾和輔助推進器使用之外，末端還內藏有光束步槍，亦可作為蓋布蘭的主武裝發揮力量。

▶這是在加爾達級的機庫裡時，只有腿部會變形作為起落架使用的停放形態。從亞席瑪也是採用同樣的停放形態來看，可以想像到這應該是可變MA在大氣層內運用之際的共通停放形態。

停放形態

駕駛艙

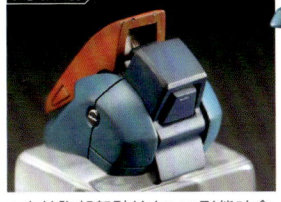

▲由於胸部駕駛艙在MA形態時會被遮擋住，因此得改從頭部後側的副艙蓋乘降。

▶就算是MA形態，臂部和頭部也能進行一部分的變形。當左右機械手交握在一起時也能用光束步槍開火射擊。

可動護盾

▲靠著掛架臂連接在前臂上的可動護盾具備寬廣可動範圍，由於護盾能夠自由活動調整角度，因此就算主體保持不動也能迅速地做出急速爬升、後腿，以及旋轉等行動。

ORX-005 蓋布蘭

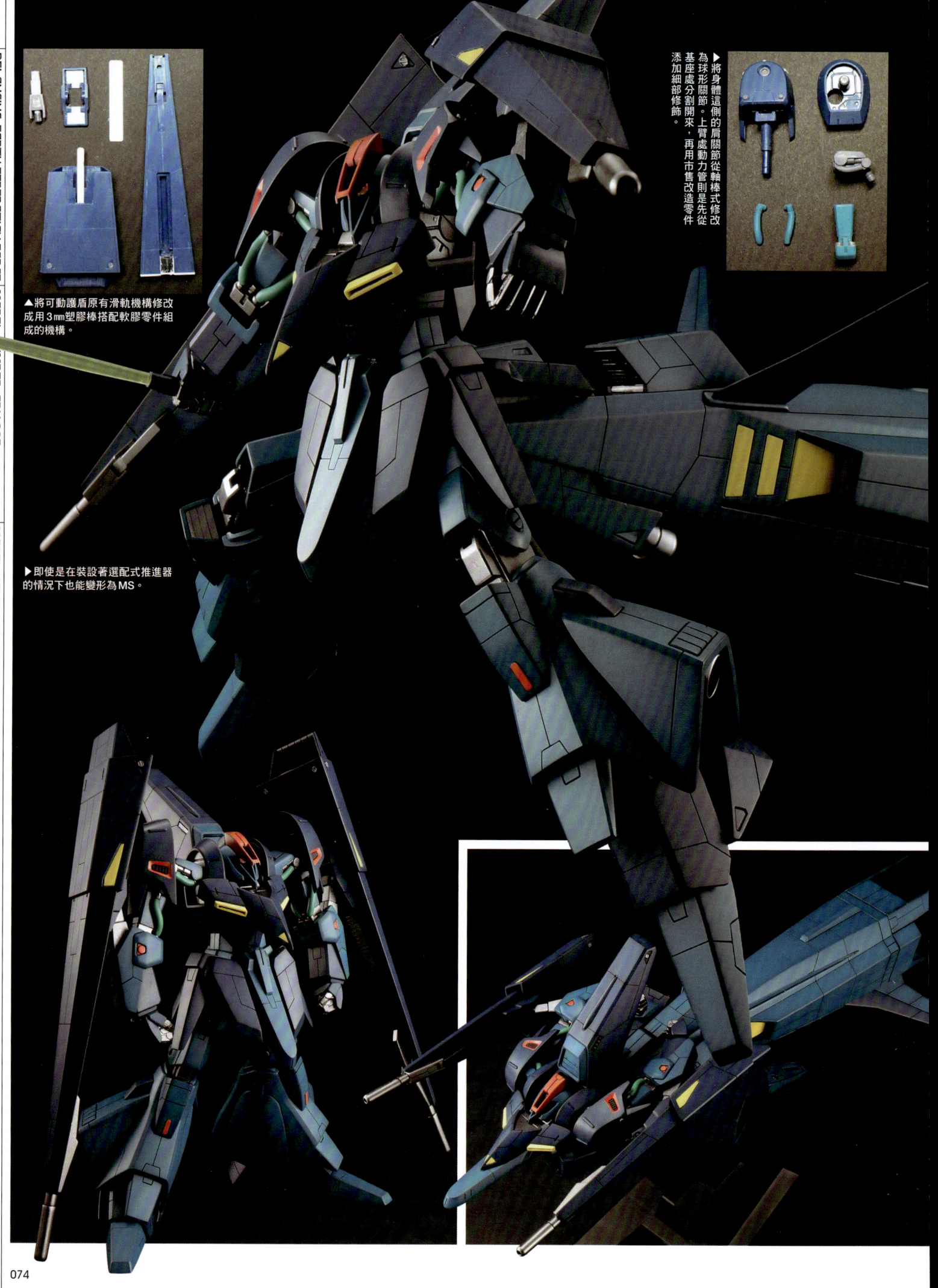

BELONGING: EARTH FEDERATION FORCE MODEL NUMBER: ORX-005 MODEL NAME: GAPLANT

▲將可動護盾原有滑軌機構修改成用3mm塑膠棒搭配軟膠零件組成的機構。

▶將身體這側的肩關節從軸棒式修改為球形關節。上臂處動力管則是先從基座處分割開來，再用市售改造零件添加細部修飾。

▶即使是在裝設著選配式推進器的情況下也能變形為MS。

074

機動戰士Z鋼彈 / MS科技發展沿革 U.C.0087

▼ MA形態的背面照。包含推進背包、腰部，以及腿部在內，多達14具的噴射口足以說明機動性有多高。

▲ 手掌是以次元製作拳掌組「方形指」為基礎，根據設定用塑膠板修改手背護甲的形狀而成。

▼ 把股關節軸從球形軸棒修改為一般軸棒。將腰部中央裝甲（MA形態的機首）經由削磨縮減尺寸。各裙甲內側均用刻有細部結構的塑膠板覆蓋住。

▼ 推進背包是藉由刻線和塑膠材料添加細部修飾。

▲ 與股關節連接處沿用了HG能天使鋼彈的零件，藉此追加水平轉動軸。為了讓膝裝甲在停放形態時能下移，修改成裝卸式構造。至於腳掌則是用塑膠材料追加了細部結構。

▲ 選配式推進器也藉由刻線追加了細部結構。

■前言

我還記得當年蓋布蘭在《Z鋼彈》裡登場時一下子就變形，給人「咦？好厲害喔！」的感覺。而且在經典場面中還做出了宛如在耍特技的動作（或許原因在於駕駛員是羅莎米亞吧（笑）），總之它是我相當喜歡的機體。儘管套件本身問世已有一段時間，卻也相當忠於原有設定，變形前後的模樣亦沒什麼缺點可言，甚至可說是講究地重現了，就算用傑作套件來形容也不為過。所以呢，這次在保留套件的出色素質之餘，亦進行了改良各部位關節等加工，藉此重現套件本身做不到的大氣層內停放形態這個乘降姿勢。

■頭部&身體

將原本僅以貼紙呈現的單眼換成H·眼。還在頭部後側追加搭乘艙蓋。

上半身基本上完全沒問題，僅對下半身進行修改。腰部中央裝甲（飛行形態作為機首的部分）在MS形態時顯得長了點，於是將該處削短3mm。由於前裙甲的可動部位頗令人在意，因此將腹部的開口填滿，改為連接到腰部上。各裙甲內側凹槽則是用自製的塑膠板覆蓋住。另外，將股關節軸從球形軸棒修改為近年來常見的機構。

■臂部&腿部

各部位僅適度地添加細部修飾。儘管原本也想改良肩關節，但遷就於空間有限，只好放棄這個念頭，不過還是希望能稍微擺出肩膀朝後的挺胸姿勢，因此將肩關節更換為球形關節。套件的護盾具有伸縮機構，範例中在保留原有構造之餘，亦將活動機制修改為用3mm圓棒搭配軟膠零件組成的伸縮機構。手掌選用了次元製作拳掌組「方形指」，而且還經由重現原有造型添加了細部修飾。

配合前述的股關節軸修改作業，大腿頂部更換為取自HG能天使鋼彈的零件。會妨礙到重現停放形態的膝裝甲是先分割開來，再修改成可經由替換組裝將位置往下移的形式。至於內部骨架則是修改成能夠分件組裝的形式，以便先上色再組裝。

■選配式推進器

儘管並未特別修改，但以整體尺寸來說，外觀實在單調了點，因此便追加了紋路，還有將各噴射口換成壽屋製細部修飾零件。

■塗裝

如同各位所熟知的，採用了黑底塗裝法來呈現。各配色也是按照說明書所指示的來調色與塗裝。各部位都是用gaiacolor的槍鐵色作為底色，噴射口則是先塗裝銀色，再用紅色和星光鐵色來塗裝，藉此在利用金屬感添加點綴之餘，亦能營造出厚重感。

■後記

我從以前就很想做做看蓋布蘭了，經手這件範例可說是如願以償，也讓我重新體認到這真是款好套件啊。今後若是有機會的話，期待能進一步推出翻新版本。

野田啟之
身為HOBBY JAPAN月刊棟梁的資深職業模型師。亦擅長塗裝《星際大戰》系列的各式機具。

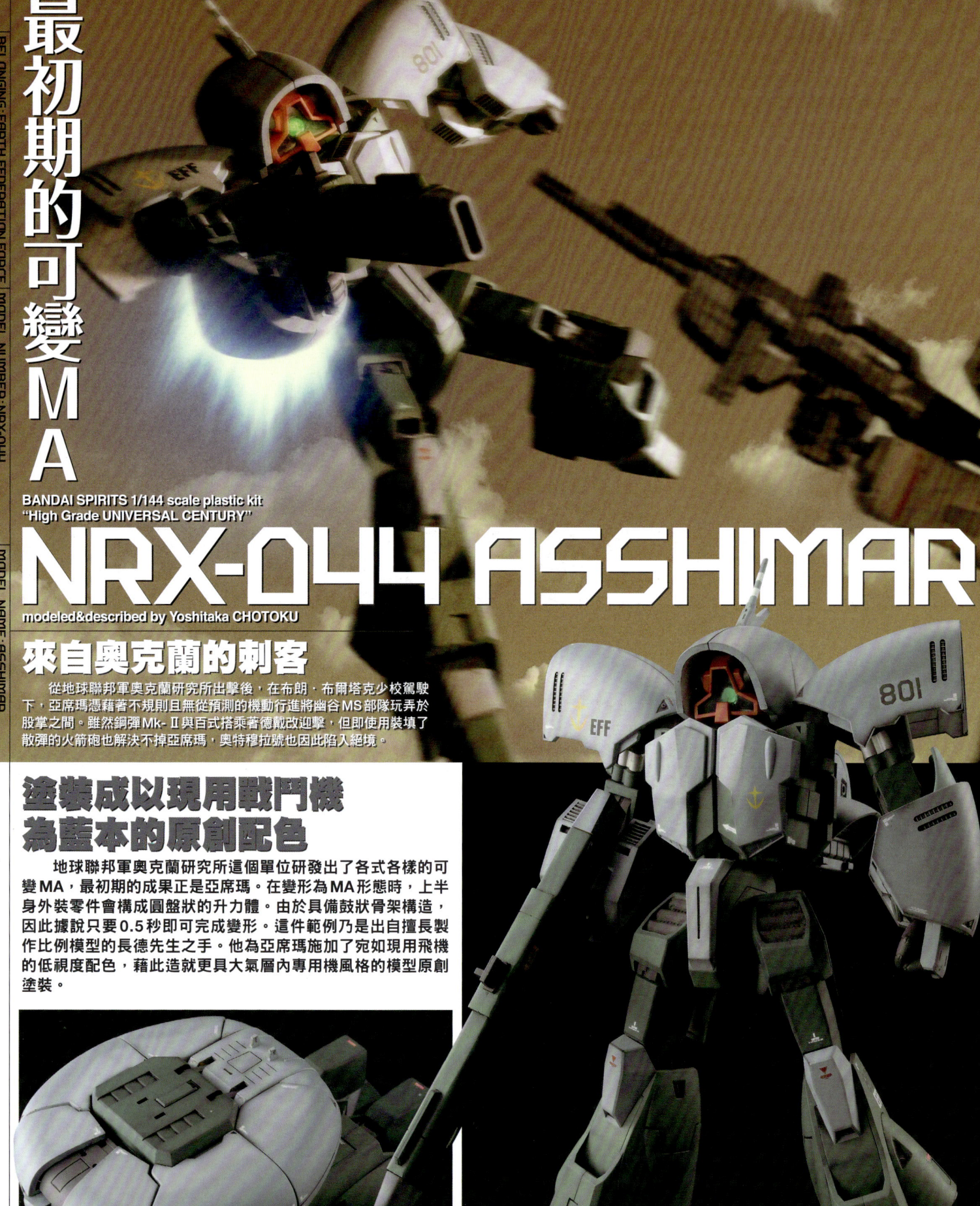

BELONGING：EARTH FEDERATION FORCE ｜ MODEL NUMBER：NRX-044

MODEL NAME：ASSHIMAR

最初期的可變MA

BANDAI SPIRITS 1/144 scale plastic kit
"High Grade UNIVERSAL CENTURY"

NRX-044 ASSHIMAR

modeled&described by Yoshitaka CHOTOKU

來自奧克蘭的刺客

從地球聯邦軍奧克蘭研究所出擊後，在布朗・布爾塔克少校駕駛下，亞席瑪憑藉著不規則且無從預測的機動行進將幽谷MS部隊玩弄於股掌之間。雖然鋼彈Mk-Ⅱ與百式搭乘著德戴改迎擊，但即使用裝填了散彈的火箭砲也解決不掉亞席瑪，奧特穆拉號也因此陷入絕境。

塗裝成以現用戰鬥機為藍本的原創配色

地球聯邦軍奧克蘭研究所這個單位研發出了各式各樣的可變MA，最初期的成果正是亞席瑪。在變形為MA形態時，上半身外裝零件會構成圓盤狀的升力體。由於具備鼓狀骨架構造，因此據說只要0.5秒即可完成變形。這件範例乃是出自擅長製作比例模型的長德先生之手。他為亞席瑪施加了宛如現用飛機的低視度配色，藉此造就更具大氣層內專用機風格的模型原創塗裝。

以原畫稿為基礎，在個人電腦上評估要採用何種配色模式。最後決定將上半身外裝零件塗裝成低視度配色，其餘部位降低彩度，藉此呈現較沉穩印象。若沒有個人電腦的話，可以先影印線稿，利用顏料試著塗上各種配色模式來進行評估。
（上色／長德佳崇）

painted by Yoshitaka CHOTOKU

▲這次在配色模式方面是連同MA形態的外觀也納入考量。

NRX-044 亞席瑪
BANDAI SPIRITS 1/144比例 塑膠套件
"HGUC"

製作・文／長德佳崇

BELONGING: EARTH

MODEL NUMBER: NRX-044

MODEL NAME: ASSHIMAR

BANDAI SPIRITS
1/144 scale plastic kit
"High Grade UNIVERSAL CENTURY"
NRX-044 ASSHIMAR
modeled & described by
Yoshitaka CHOTOKU

▲可以憑藉著設置於機身前後兩側共計8具的推進器來突然改變行進軌道。因此即便是在空中也能靈敏地做出宛如耍特技般的動作。

▲▶儘管MS和MA形態都完全未修改體型，但兩者的外形都顯得很出色。另外，由於附有專用展示架，因此兩形態都能擺成飛行狀態加以展示。

MOBILE SUIT Z GUNDAM MS TECHNOLOGY
機動戰士Z鋼彈 MS科技發展沿革 U.C.0087

受惠於圓盤狀升力體才得以具備的大氣層內超群機動性

亞席瑪既不具備機翼,也沒有平衡推進翼,全憑圓盤狀升力體獲得升力。由於腿部本身就是主要推進系統,得以憑藉腿部的動作進行向量推力調整,再加上各部位也備有推進器,因此可發揮在空中自由控制機體行動方向的能力。

停放形態

▲和蓋布蘭一樣可擺出以雙腿作為起落架的停放形態。出擊時則是利用推進背包上側的推進器加速起飛。

◀▲頭部是先將單眼軌道給挖掘穿,再用塑膠材料追加細部結構。單眼是在套件附屬的貼紙上黏貼市售透明零件。

◀▲各部位姿勢控制用推進器都用鑽頭挖出1mm孔洞,然後塞入直徑1mm鋁管作為細部修飾。

亞席瑪的變形程序

來看看由於各關節部位都施加了磁力覆膜,因此據說只要0.5秒即可完成的變形程序吧。

1 展開臂部外裝零件,並且將推進背包向上折疊起來。

2 伸出原本收納在小腿裡的大腿,並且將腰部轉動90度。頭部也轉動90度,露出原本被遮擋的單眼。

3 從前臂裡伸出機械手,並且將胸部裝甲闔起,MS形態就完成了。

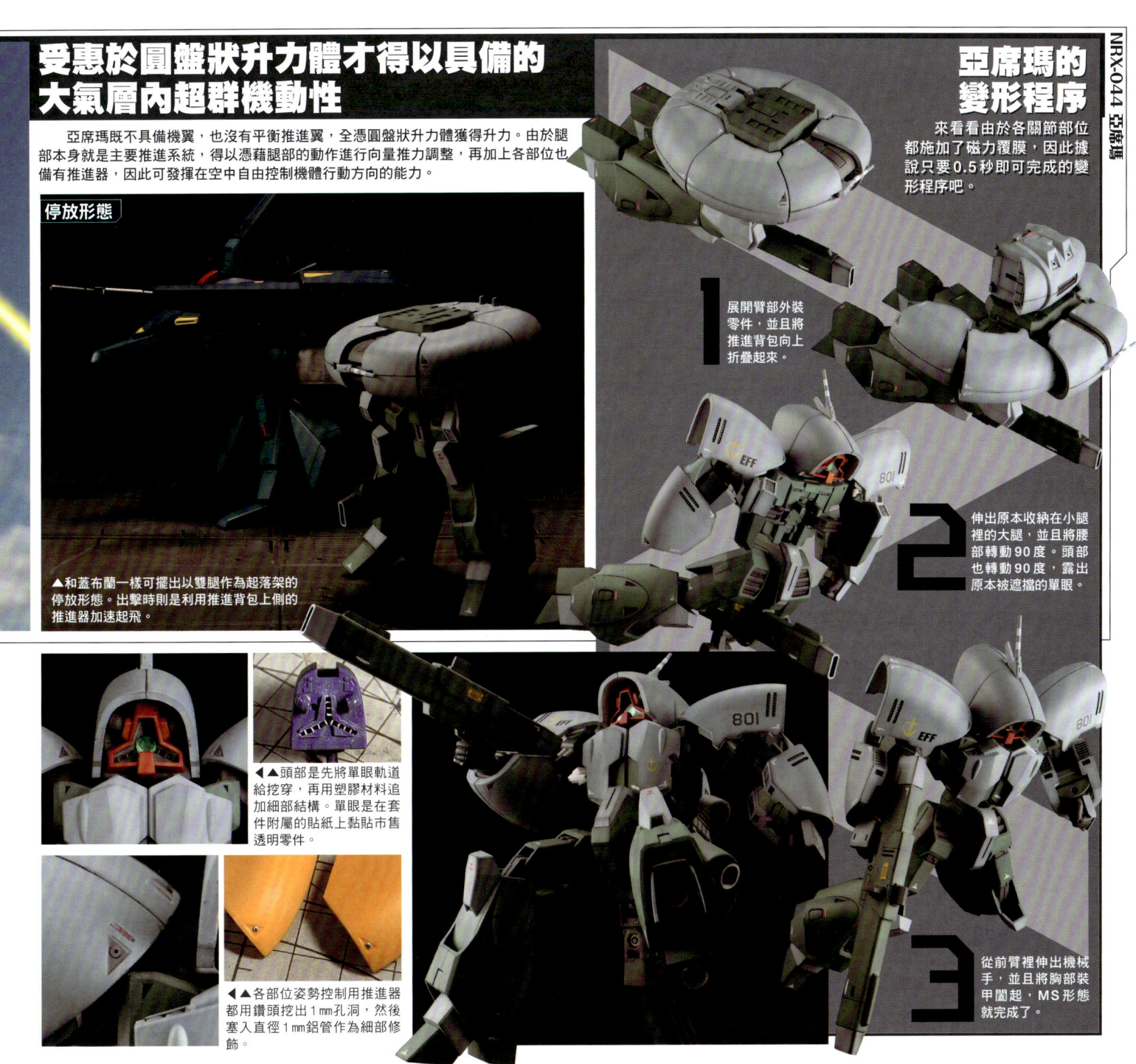

這款套件設計得相當不錯,雖然是變形MS,結構卻十分牢靠,各零件也組裝得頗為緊密,不會一擺設動作就變得鬆軟無力。人型與圓盤這兩種形態都有兼顧到造型美感,實在精湛極了,乍看之下實在無從動手修改,不過範例中還是針對重點添加細部修飾語調整,更將配色改為原創的低視度塗裝,藉此營造出有如現實飛機般的實戰風格。

■試組與施加分件組裝飾修改

首先是按照說明書指示進行試組。只要在這個階段就完美地做好剪口處理和各個面的修整作業,後續進行製作時就會輕鬆許多。組裝過後最在意的地方只有一處,那就是該如何將腿部修改成能夠分組裝的形式。在組裝步驟20中,腿部骨架要先組裝進零件A7裡,再從後方裝上零件A18,但這樣一來會導致後續在塗裝時還得額外進行遮蓋作業,實在很費事。因此範例中將骨架背面用來連接零件A18的結構給削掉,並且將零件A7和A18黏合起來構成一個區塊,讓骨架能夠留待之後再組裝進去。

■推進器的細部修飾

儘管亞席瑪在各部位都設有推進器,但套件中僅用三角形溝槽來表現這類部位。不過與其說是提供推力,看起來比較像是供控制姿勢用的,因此便在這類細部結構的中央鑽挖出1mm孔洞,再塞入直徑1mm的鋁管。

■單眼一帶的細部修飾

單眼一帶的細部修飾可說是這件亞席瑪唯一修改重點所在吧。套件中是設計成先在平面上黏貼附屬貼紙,再疊上透明零件的形式。不過難得有這個機會,範例中也就先雕刻出逆Y字形的溝槽,再用塑膠板追加細部結構。單眼則是在套件附屬貼紙上黏貼透明鏡頭狀零件,然後才蓋上套件本身的透明零件。果然在藉由雕刻溝槽營造出深度後,看起來也顯得精緻多了。

■塗裝

塗裝時按照慣例先為整體噴塗黑色底漆補土,接著才用Mr.COLOR 307、308來塗裝這次的低視度迷彩。下半身的綠色是以俄羅斯綠為基調,經由加入灰色來調色,藉此營造出比原設定更淺一些的印象。水貼紙黏貼完畢後,再來就是用消光透明漆噴塗覆蓋整體,這麼一來就大功告成了。

由於這次是以現實飛機為藍本,因此在添加髒汙痕跡時有控制得內斂些。尤其是噴射口、推進器都未添加煤灰之類的汙漬(我認為應該不是使用會產生煤灰的燃料)。另外,考量到MS、MA這兩種形態會產生的汙漬在方向上不太一樣,於是僅在各個顏色上薄薄地施加一層濾化來表現汙漬。一邊製作一邊想像機體是如何運作的,這也是一種樂趣呢。

長德佳崇
以船艦模型題材為中心,在HOBBY JAPAN月刊上也有亮眼表現。而且除了擅長比例模型之外,對於鋼彈模型等各式題材也都很拿手的全能模型師。

BELONGING: EARTH FEDERATION FORCE | MODEL NUMBER: MS-11

MODEL NAME: ACT ZAKU

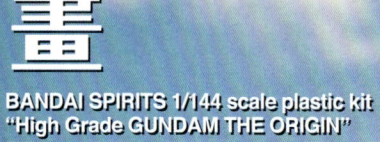

培曾計畫

BANDAI SPIRITS 1/144 scale plastic kit
"High Grade GUNDAM THE ORIGIN"

MS-11 ACT ZAKU

modeled & described by Ryuji HIROSE (ORIGIN CLUBM)

由培曾到奧克蘭

迅捷薩克是蓋布蘭從奧克蘭新人類研究所出擊時隨行的僚機。雖然這個機種原本是誕生自吉翁公國軍的「培曾計畫」，但據推測是因為施加了磁力覆膜的機體，所以被認定與強化人及其候補駕駛員十分契合，才會如此編組行動。

MS-11 迅捷薩克
BANDAI SPIRITS
1/144比例 塑膠套件
"HG 鋼彈 THE ORIGIN"
製作・文／廣瀨龍治（ORIGIN CLUBM）

藉由延長上半身和大腿 讓整體更為帥氣且具力量感

迅捷薩克是在吉翁公國軍的「培曾計畫」下研發而成，在一年戰爭後由聯邦軍接收並分發部署。由於各關節部位原本就施加了磁力覆膜，使得驅動系統可以改用聯邦系的力場馬達，因此便於聯邦軍進行量產。這件範例乃是出自廣瀨龍治之手。他在將上半身和大腿加以延長之餘，亦運用自身擅長的數位建模手法自製了握拳狀手掌和薩克機關槍改，藉此重現在《Z鋼彈》中登場時的面貌。

MOBILE SUIT Z GUNDAM MS TECHNOLOGY **U.C.0087**
機動戰士Z鋼彈 MS科技發展沿革

▶由於迅捷薩克並不具備可在大氣層內單獨飛行的能力，因此搭配了基座承載機作為代步工具。在奧特穆拉號追擊戰中是以兩架並排搭乘的形式出擊。

BELONGING: EARTH FEDERATION FORCE　MODEL NUMBER: MS-11　MODEL NAME: ACT ZAKU

MS-11 迅捷薩克

第一世代的高規格機種

在一年戰爭末期研發的迅捷薩克儘管是以薩克Ⅱ為基礎，卻有著施加磁力覆膜和強化發動機等改良，以具備更勝於傑爾古格的高規格為傲。然而戰爭結束畢竟已有7年之久，隨著經過改良的吉姆Ⅱ、屬於第二世代MS的高性能薩克登場，需要迅捷薩克表現的場合也變得相當有限。

▼儘管隨著強化過發動機而能夠運用光束兵器，但在輸出功率受限的大氣層內多半還是會攜行薩克機關槍改。

▲可運用光束兵器的迅捷薩克備有各式武裝。例如大型電熱斧、多槍管型4連裝機關槍、馬拉賽也有在使用的光束步槍，以及光束軍刀等武裝，正因為是擁有高輸出功率發動機的機種，才能使用這豐富的武裝。

082

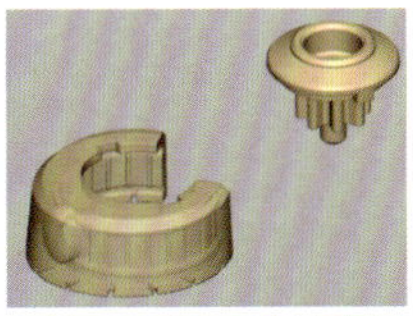

▲▲在保留套件本身連動機構的前提下，經由測量零件尺寸另行製作了芯部。單眼護罩則是比原有零件更為往前延伸一點，而且還在內側雕刻出單眼和軌道的結構。

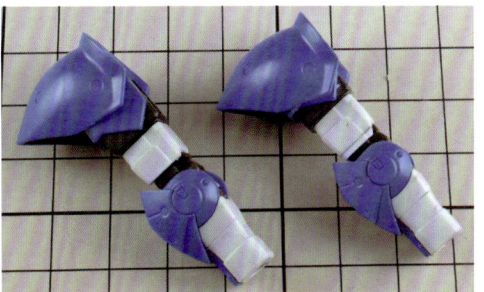

▲將上臂從罩住肘關節處用塑膠板加以延長，藉此讓上臂能顯得長一點。

▲▶握拳狀手掌經由數位建模自製。主體和手背護甲是分開製作。採用左右共通的手背護甲，可節省列印輸出的時間。

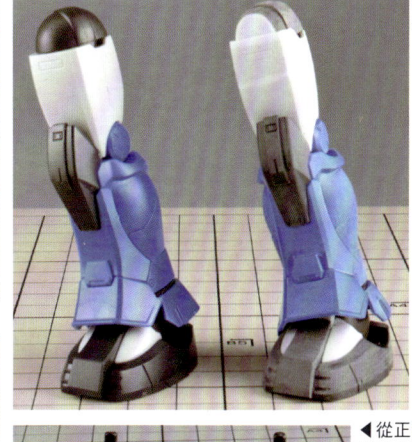

◀將大腿從中分割開來以延長1mm，為了遮擋住大腿頂部的球體節區塊，因此為正面黏貼塑膠板以往上方延長。

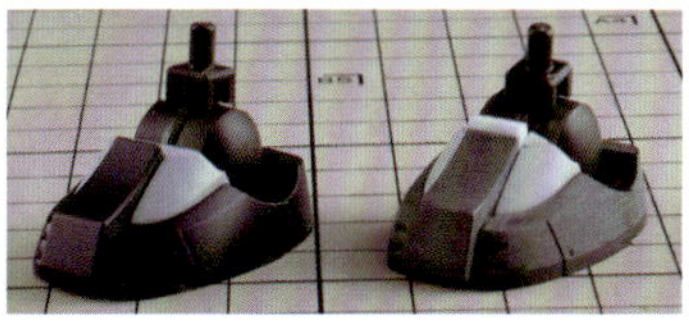

◀從正面看腳掌時會隱約窺見的縫隙頗令人在意，因此黏貼塑膠板來減少縫隙。

▲用鋸子將上半身從中分開，用塑膠板延長。前裙甲也用相同方式增寬。

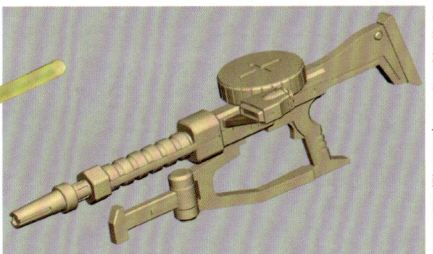

◀機關槍製作成THE ORIGIN風格的造型。為了易於輸出列印，在數位建模時就已分割為多塊零件。輔助握把也能夠轉動。

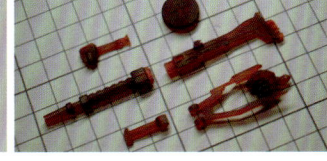

▲與套件素組狀態（照片左方）的合照。雖然原本就已經是外形很出色的套件，但隨著將上半身和大腿延長而拉高頭身比例後，看起來更是帥氣無比。

■前言

配合本期的《Z鋼彈》特輯，這次我要製作的是迅捷薩克。使用的套件事THE ORIGIN MSD版迅捷薩克。儘管純粹製作完成就十分帥氣了，但難得有這個機會，我也就在盡可能地製作得更貼近THE ORIGIN MSD版KATOKI HAJIME老師筆下畫稿之餘，亦採用Z鋼彈版的配色來塗裝。

與設定圖稿中的身體相較，胸部顯得短了些，因此使用塑膠板延長1mm。這樣一來應該就能給人胸膛既厚實又具力量感的印象才是。相較於側裙甲，腰部的前裙甲在寬度上似乎有所不足，於是便增寬了1mm。另外，遷就於開模方式，前裙甲上側的圓形結構做成了橢圓形，這部分也一併予以修正。

■圓形結構

相較於設定圖稿，上臂遷就於關節可動機構而顯得短了點，因此往下延長1mm。延長的部位只要有配合零件原有形狀進行修整，也就不會對可動性造成影響。儘管套件中將肩部與前臂的接合線設計成溝槽狀，但範例中還是將這兩處修改成能夠分件組裝的形式，並且用瞬間補土之類材料做無縫處理。至於肩甲則是將靠近胸部這側的邊緣給削磨得更具銳利感。原本的手腕根部只是開口狀，範例中利用市售改造零件為該處添加了細部修飾。另外，亦利用數位建模方式製作了握拳狀手掌。這樣一來不僅能讓造型更生動，擺設站姿時也會顯得更帥氣。

相較於設定圖稿，腿部也顯得短了點，因此將大腿延長1mm。為了避免讓球體股關節區塊暴露在外，於是將大腿裝甲頂部也往上延長1mm。至於腳掌則是將腳背護甲的不自然轉處用塑膠板等材料填補，藉此呈現能流暢相連的形狀。

在武裝方面另行準備了馬拉賽的光束步槍，以及高性能薩克的薩克機關槍改。光束步槍僅進行了無縫處理和將感測器修改為透明零件。機關槍則是運用數位建模方式製作成THE ORIGIN版薩克機關槍風格。

■塗裝

配色方面使用了以下塗料。

黑＝黑色＋紫色＋中間灰、深藍＝火星深藍、黃＝鮮明橙、紅＝玫瑰亮紅、關節部位灰＝雪暗灰

■後記

這次有幸製作原本就設計得很不錯的套件，真的很開心呢。由於在《Z鋼彈》動畫中另有薩克加農和吉姆狙擊特裝型等機體出現，因此希望MSD系列也能推出它們的套件！

廣瀨龍治
隸屬於ORIGIN CLUBM的年輕原型師。擅長數位建模技法，可說是HJ月刊今後王牌級職業模型師的候補人選之一。

BELONGING: A.E.U.G.

SUB FLIGHT SYSTEM

MODEL NAME: FLYINGARMOR

MOBILE SUIT Z GUNDAM MS TECHNOLOGY / U.C.0087
機動戰士Z鋼彈 / MS科技發展沿革

覺醒為新人類

BANDAI SPIRITS 1/144 scale plastic kit
"Real Grade" & "High Grade UNIVERSAL CENTURY"

RX-178 GUNDAM MK-Ⅱ & FLYINGARMOR

modeled & described by Shinichiro SAWATAKE

新人類VS舊人類

察覺幽谷MS部隊將進攻賈布羅基地的動向後，迪坦斯艦隊便與地球聯邦軍組成混編部隊發動了總攻擊。駕駛卡爾巴迪β出擊的萊拉·米拉·萊拉也因此與鋼彈Mk-Ⅱ交戰。儘管萊拉是一名經驗豐富的老練駕駛員，卻遭到鋼彈Mk-Ⅱ的攻勢玩弄於股掌之間，最後毫無還手之力地遭到擊墜。

為飛行裝甲追加細部結構與主翼折疊機構

　　飛行裝甲乃是奪取自迪坦斯的物資，並且供鋼彈 Mk-Ⅱ 搭乘的衝入大氣層用裝備。有別於幽谷、迪坦斯、聯邦軍已採用的隔熱傘系統，即使是在衝入大氣層時，行動上也相對地較自由些，更有著在大氣層內可作為輔助飛行系統使用等功能。在進攻賈布羅基地之際作為鋼彈 Mk-Ⅱ 的代步工具有著活躍表現。為本特輯範例部分擔綱軸子大任的，正是由澤武慎一郎擔綱製作的 RG 鋼彈 Mk-Ⅱ 與 HG 飛行裝甲。範例中不僅為在同系列套件中以具有頂尖完成度聞名的 RG 鋼彈 Mk-Ⅱ 進一步追加細部結構，還在為 HG 飛行裝甲追加同等的細部結構表現之餘，亦一併重現了在動畫中描述過的主翼折疊機構。

RX-178 鋼彈 Mk-Ⅱ & 飛行裝甲

BANDAI SPIRITS 1/144比例 塑膠套件
"RG" & "HGUC"

製作・文／澤武慎一郎

U.C.0087
衝入大氣層用裝備 飛行裝甲

飛行裝甲本身是配合鋼彈Mk-Ⅱ的規格研發而成，亦是幽谷為了執行突襲地球聯邦軍據點賈布羅基地的作戰，於是從迪坦斯手中奪取來的衝入大氣層用裝備。阿含號共收到了2架，其中1架交給卡密兒的鋼彈Mk-Ⅱ使用，並且成功空降至賈布羅。在停放於阿含號機庫內部和從彈射甲板上出擊時，主翼都會折疊起來以節省空間。

BELONGING：A.E.U.G.
SUB FLIGHT SYSTEM
MODEL NAME：FLYINGARMOR

▲折疊機制在主翼往外拉伸後會露出內部合葉，這部分是用塑膠板搭配黃銅線製作。拉伸處也用塑膠材料做出了細部結構。

▲套件中附有專用的展示架。支架部位有數種角度可供調節，因此能像照片中一樣擺出大幅上仰的角度。

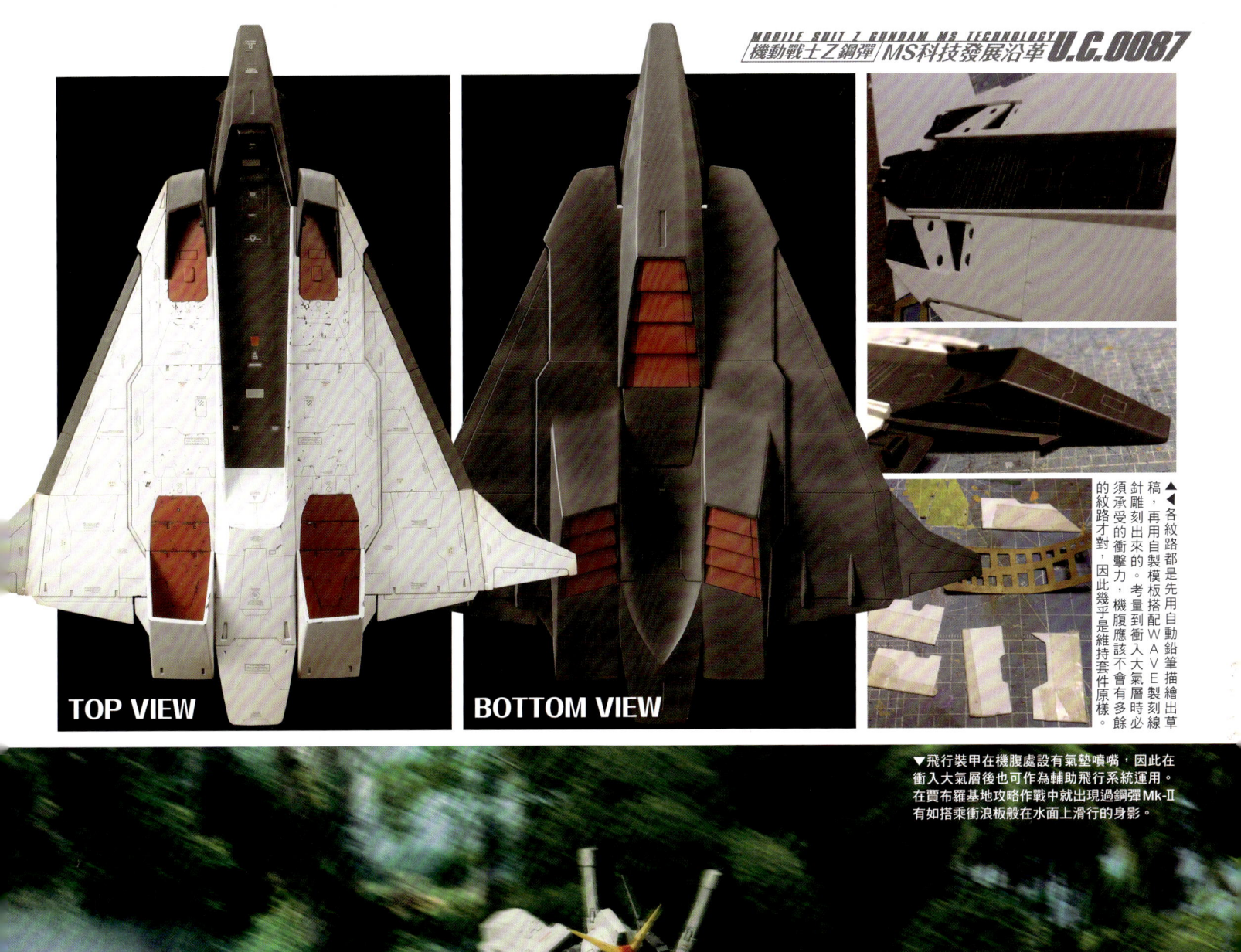

MOBILE SUIT Z GUNDAM MS TECHNOLOGY
機動戰士Z鋼彈 MS科技發展沿革 U.C.0087

TOP VIEW

BOTTOM VIEW

▲◀各紋路都是先用自動鉛筆描繪出草稿，再用自製模板搭配WAVE製刻線針雕刻出來的。考量到衝入大氣層時必須承受的衝擊力，機腹應該不會有多餘的紋路才對，因此幾乎是維持套件原樣。

▼飛行裝甲在機腹處設有氣墊噴嘴，因此在衝入大氣層後也可作為輔助飛行系統運用。在賈布羅基地攻略作戰中就出現過鋼彈Mk-Ⅱ有如搭乘衝浪板般在水面上滑行的身影。

087

▲▶無論是要擺設成趴臥著衝入大氣層時的模樣，或是有如踩在衝浪板上一樣搭乘飛行裝甲的模樣來展示都不成問題。由於飛行裝甲也大幅追加了細部結構，因此與RG鋼彈Mk-Ⅱ搭配起來十分相襯。

這次的企劃主旨，在於要設法將RG鋼彈Mk-Ⅱ和HG飛行裝甲這2款設計時日有些差距的套件搭配起來玩。

■鋼彈Mk-Ⅱ

正如各位所知，RG鋼彈Mk-Ⅱ是一款極為精湛的鋼彈模型，可說是足以作為RG系列棟梁之一的傑作套件。話雖如此，要是只直接製作完成似乎太過乏味，範例中也就多少調整修改了一下。

總之先直接組裝完成看看。一邊欣賞，一邊發揮想像力，然後把想到的設計用自動鉛筆描繪出需要刻線之處。例如裝甲板為何會存在著接合線呢？這是因為在製造過程中無論如何都得分割開來的關係。理由在於過大的板狀材料在加工、製造、量產等各方面都很不便，所以才會分為多個區塊進行生產，再交由生產線進行連接、組裝。所謂的接合線就是源自於此。只要像這樣稍微發揮想像力去設計，即可避免刻出不自然的線條。而我絞盡腦汁構思出的設計，正是這件範例中的線條。不過儘管已經是以面積較大的裝甲為中心，還盡可能設計得自然點，但還是有不少地方和塑膠貼紙的圖樣重複，導致醒目的程度不如預期，有種敗給了RG套件本身資訊量的感覺，這點得反省一下呢。刻線時是用WAVE製刻線針抵著模板進行雕刻的。模板本身準備了多種用0.5mm塑膠板自製的版本，以便作為刻線時的依據。

臉部是根據個人喜好來修改形狀。這方面是將臉頰削磨成往下方收窄的V字形，藉此瘦臉，同時也讓面容顯得俊俏些。另外，手掌零件搭配了取自HG吉姆改等套件的零件。不過軸棒部位一定要3mm的才能使用，因此僅針對這點進行更改。

基本塗裝方面為白1＝Mr.COLOR 69號＋2號（97：3）、白2＝69號＋28號＋33號（86：4：10）、灰1＝305號、藍＝326號、手掌等處＝331號。這些都選用迪坦斯專用漆的藍色、德國灰來添加掉漆痕跡。由於骨架為ABS材質，因此當然不能塗裝。這次僅藉由噴塗水性HOBBY COLOR的消光透明漆來調整光澤度。只要此處理過之後，以添加掉漆痕跡之類的程度來說應該不成問題才是。

■飛行裝甲的製作

HG飛行裝甲在設計上是以動畫版為準，要與RG相搭配的話，顯然得藉由追加細部結構提高密度感才行。首先，編輯部希望能追加細部結構，這點自然不在話下，同時也提出了想要拍攝電影版中出現的「將主翼折疊起來的待命狀態，該處還要具備

機動戰士Z鋼彈 MS科技發展沿革 U.C.0087

▲由於鋼彈Mk-Ⅱ有著該系列頂尖的完成度，因此並未修改體型，而是致力於追加細部結構。除了套件中附屬的手掌零件之外，亦有使用到HG吉姆改等套件附屬的握拳狀手掌零件。

◀試著換成搭乘P.66刊載的德戴改。配備超絕火箭砲的話，即可重現與亞席瑪交戰時的模樣。

▲頭部根據作者個人喜好將臉頰往下削窄成V字形，讓臉部能顯得更俐落些。
▶刻線方式和飛行裝甲一樣，先用自動鉛筆描繪出草稿，再用自製模板搭配WAVE製刻線針雕刻出來。

足以展開的可動性」。由於沒辦法取得關於折疊機構的資料，因此這方面只好自行構思自創了。合葉部位是在1.2mm塑膠板上用直徑0.5mm鑽頭開孔，再穿入黃銅線做出來的。伸縮機構是在機身內部黏貼塑膠板，藉此確保能流暢地伸縮，更經由仔細調整確保收入 機身裡時足以充分支撐住主翼。機身裡的卡榫用組裝槽為圓柱型，原本也是藉由該結構扣住主翼零件的，範例中也就同樣拿來利用一番。當合葉機構收進機身裡時，便利用黃銅線作為制動結構，展開主翼之際則是利用前述圓柱結構來扣住主翼零件。接著是將主翼這邊的圓形組裝槽用筆刀削成方形開口，這樣一來改造的基本形態就完成了。再來是為插入機身裡的部分到處鑽挖出圓孔狀細部結構，有一部分還用電動工具鋸片削掉，以便改用蝕刻片來取代。亦有稍微使用到evergreen製條紋塑膠板來添加細部修飾。

因為機身刻線方式和RG鋼彈Mk-Ⅱ一樣，得一邊用自動鉛筆描繪出草稿，一邊構思整體設計。這方面不僅要留意左右對稱，更要拚命構思如何才能顯得更帥（←這點很重要w）。設計定案後就開始自製需要使用到的模板。因為幾乎都是平面的，所以做起來很輕鬆。機腹則是完全不添加任何刻線，維持套件原樣。理由在於要是細小的零件太多，豈不是很容易在摩擦熱的高溫下燃燒起來嗎？接合線當然盡可能地都做了無縫處理。不僅如此，主翼底面也都施加了耐熱塗裝。另外，考量到機腹處設有氣墊噴嘴，該處也就黏貼了有那麼一回事的機身標誌。

塗裝時也是使用Mr.COLOR。單純明快地選用GX1冷白、耐熱塗裝部位選用71號、中央搭乘部位選用301號、主翼展開機構選用332號飛機灰、紅色部位是為蒙瑟紅加入約15%的黑色。水貼紙選用了satellite水貼紙的灰色款。用琺瑯漆的黑色入墨線後，又用噴筆儘管噴塗了衝入大氣層時的燒灼痕跡。這方面是用暗土色和棕色順著紋路奔凸出燒灼痕跡，亦營造出有稍微燒灼到機首和主翼表面的模樣。有必要的話，還會用漆筆將琺瑯漆給抹散開來。

完畢，一切大功告成。不曉得各位覺得如何呢？若是覺得兩者搭配起來毫無不協調感的話，那麼姑且就算是成功了。

澤武慎一郎
擅長船艦、科幻、特攝題材的全能模型師。亦有著足以設置燈光機構和製作情景模型的多元技術和知識。

089

第5回 以傳統手法讓軍武MS的巔峰之作「近藤版MS」重獲新生！

「機動模型超級技術指南」乃是以「製作出終極範例」為主題，解除了預算、時間、工作量等所有限制，隨心所欲地製作出理想造型的連載企劃。第5回要介紹的是「1/100 AMS-119A1 基拉·德卡陸戰用重裝型」。大家還記得在1980年代後期和1990年代初期席捲鋼彈模型界的「近藤版MS」嗎？包含極長裙甲、矮胖體型、防磁塗層和鑄造痕跡等特色，將第二次世界大戰充滿血腥和硝煙的兵器風格絕妙地融入鋼彈漫畫中的，正是這方面的先驅近藤和久老師，而這也是他筆下各式MS的魅力所在。以流淌著機油血液來展現兵器的生動感，近藤版MS充滿無法抗拒的吸引力，擄獲無數模型玩家的心。在此以近藤版MS的代表作基拉·德卡為題，針對如何呈現近體型、AFV模型風格的細部修飾手法，乃至三色迷彩的塗裝方式進行徹底解說。接下來就讓我們見證於現代重生的「吉翁的復興」吧！

林哲平的
機動模型超級
技術指南

第5回 以傳統手法讓軍武MS的巔峰之作「近藤版MS」重獲新生！

01. 為製作近藤版MS選用套件

▲近藤版MS的特徵，正在於獨特的體型。製作時先準備好1/100、1/144的套件，便能快速有效地重現其均衡感。基拉·德卡有MG和HG這兩種套件，非常適合作為基礎套件。

▲近藤版MS的頭部普遍顯得很小，這是因為身體的分量非常大，所以才會給人這樣的印象。話雖如此，將造型複雜的頭部予以分割並縮減尺寸，可說是一項高難度的作業，不過這時只要移植小一號的HG版頭部即可輕鬆解決這個問題。就算像這樣直接擺上去，也幾乎沒有任何不協調感。

▲德軍風格武裝是近藤版MS不可或缺的要素。只要拿著MG42機關槍，即可大幅度貼近近藤版的風格。這次使用的是威龍製1/6可動玩偶用的MG42。可動玩偶用的武器有時會以套件的形式販售，建議看到的時候不妨先買來囤著。

02. 利用AB補土修整形狀

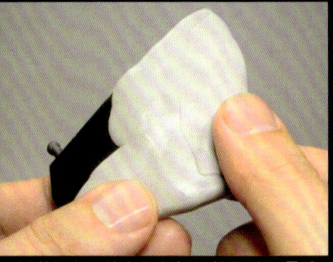

▲近藤版MS特有的長裙甲等零件，最適合用AB補土來修改形狀。只要加上防磁塗層和鑄造痕跡，就不必過度在意精確度。在此選用易於切削的WAVE製AB補土[輕量型]來盡情地堆疊削磨吧。

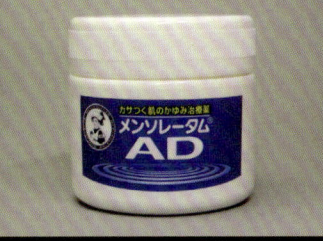

▲這是使用AB補土時必備的護手霜。這個方便的道具可以減少混合時的黏稠感，具備脫模作用，是作業時的好幫手。我最喜歡用的是曼秀雷敦AD，因為它質地柔軟，容易清洗，不會妨礙塗裝，非常值得推薦。

▲若是由多個區塊所構成的零件，那麼比起拿一大塊補土直接切削製作出來，不如改為逐一做出各個區塊，這樣會簡單許多。首先用塑膠棒之類物品插入堆疊補土處當作卡榫，並且在這一帶塗佈曼秀雷敦AD作為脫模劑。

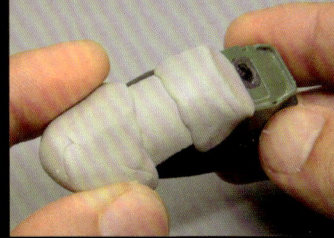

▲接著是堆疊AB補土。此時必須緊緊地將壓在零件上確保密合，否則在取下時可能會有些必要的部分沒有被AB補土覆蓋到。若能在這個階段就盡量修整好零件的形狀，後續的切削作業就會輕鬆不少。

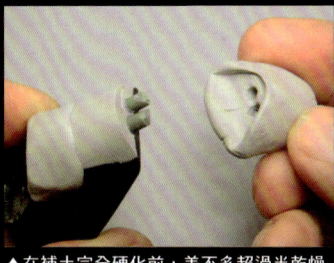

▲在補土完全硬化前，差不多超過半乾燥的狀態時將其取下。太早取下會導致形狀有所扭曲，完全硬化後又會因為太硬而無法取下。因此取下時間非常重要，千萬別將補土堆疊在零件上就擱著一晚不管。

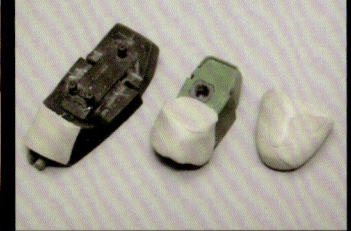

▲取下補土的狀態。接下來是分別修整各個零件的形狀，因為可以針對單一塊進行作業，所以在精確度、削磨出平面和稜邊的處理都變得非常輕鬆。不過要是有脫模劑殘留的話，會導致塗料無法附著，因此務必要使用中性清潔劑徹底清洗乾淨。

03. 掌握近藤版體型的特徵！

A 小巧頭部
B 龐大身體
C 大尺寸裙甲
D 填滿正面的開口
E 以曲面為主的有機生物風格輪廓

◀將各部位比例和形狀都修改為近藤版的狀態。根據「如果MS真實存在會是什麼樣子？」這個假設，進而融入軍武風格後詮釋所得的樣貌，希望大家可以牢牢記住。這些重點，任何MS都能詮釋近藤風格。近藤版的MS具有獨特體型，但這些元素都是近藤老師根據這些重點，只要遵守

A：近藤版MS的頭部普遍較小，因為這樣可以讓作為威測器和精密機械集中處的頭部整體面積縮小，進而降低被命中的機率。此外，縮小頭部也具有更加凸顯出身體巨大感的效果。

B：近藤版MS的身體非常龐大，前後非常厚實。因為這裡是駕駛員所在的最重要部分，所以需要凸顯重裝甲以提高生還率。

C：MS是雙足步行型兵器。想當然耳，腿部一旦故障便無法行動，因此是最容易受到攻擊的目標。屬於首要特色所在的大型裙甲，正是為了盡可能減少腿部外露的面積，以免該處被擊中，才在深思熟慮後所做的設計。

D：在原設定中，基拉·德卡的小腿處有露出油壓桿，但該處在近藤版中被覆蓋起來了。這是因為讓脆弱部位暴露在容易遭到集中攻擊的正面會顯得很不自然，為了符合現實兵器的思維才會設計成這樣的形狀。

E：近藤版MS是由許多具備有機生物風格的曲面零件所構成。這是因為近藤版MS的設計靈感是汲取自第二次世界大戰的兵器，這些兵器通常是透過鑄造或鈑金等人工彎曲金屬的加工技術製作而成，因此在設計中融入了這些元素。不像現代兵器那般精密，即使左右略有歪斜、不怎麼對稱也無所謂，以強調「氛圍」為優先反而更能凸顯出近藤版的風格。

林哲平的 機動模型超級技術指南

04. 追求近藤版細部結構表現！

鑄造痕跡

▲在近藤版MS的細部結構中，鑄造痕跡是不可或缺的。鑄造是指將熔化的金屬倒入砂模模具中凝固成形的技術，在第二次世界大戰中經常用於製造戰車的砲塔和車身部位。由於使用砂模成形，因此以零件表面會凹凸不平為特徵。接下來會以帶刺肩甲為例，示範如何做出鑄造痕跡。

▲TAMIYA製硝基補土是做出鑄造痕跡的必備材料。先擠一些到調色皿上，再滴入少量的Mr.COLOR溶劑以增加流動性。如果稀釋過頭，就無法有效形成凹凸痕跡，因此保持在黏稠的糊狀比較容易進行作業。

▲使用舊的平筆沾取，然後透過拍塗方式覆蓋住表面。這樣一來，糊狀的補土就會隨機堆疊，表面也就會漸漸形成凹凸不平的痕跡。

▲鑄造痕跡的完成狀態。成功重現了從砂模中取出的金屬零件表面粗糙凹凸痕跡。經由鑄造製作的零件多為俄羅斯戰車砲塔這類圓鈍的曲面或圓形零件，若用於方形零件上，反而會顯得不太自然，因此運用時得注意這點。

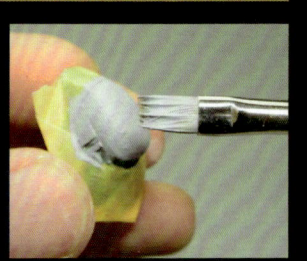

▲若想在頭盔頂部之類局部區域呈現鑄造效果，可以像這樣先遮蓋後再進行作業。即使在同一個零件上，也可以透過改變表面的質感讓人聯想到製造方法和材料，從而提升寫實感。

防磁塗層

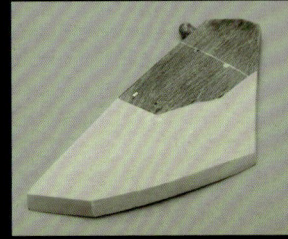

▲在第二次世界大戰期間，德軍擔心他們使用的磁性吸附地雷會被盟軍複製使用，於是在自軍的戰車上施加了一種防地雷的塗層，稱為防磁塗層。這也是陸戰版近藤版MS不可或缺的細部結構。接下來就以前裙甲為例來說明如何施加吧。

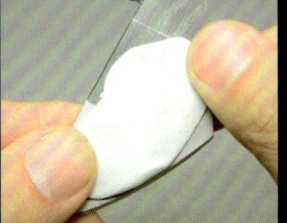

▲目前最優秀的防磁塗層表現，是拿AB補土和專用滾輪做出來的。將延展性不錯的TAMIYA製AB補土高密度型擀成約1mm的厚度，然後覆蓋在零件上。想一下子覆蓋所有零件可能會發生失誤，建議初學者一次先處理一個零件就好。

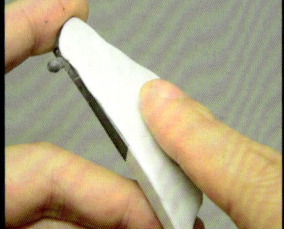

▲在這個狀態下用滾輪直接壓上去的話，補土會沾黏在滾輪上。因此可以先在補土表面和滾輪上塗抹曼秀雷敦AD，以免出現沾黏的情況。

▲使用MODELKASTEN製防磁塗層滾輪在表面壓出凹凸痕跡。先用力按壓滾輪，然後緩慢移動，如此便能輕鬆地做出這種細部結構。即使失敗，也只要在補土尚未硬化之前抹平表面，重新進行作業即可。

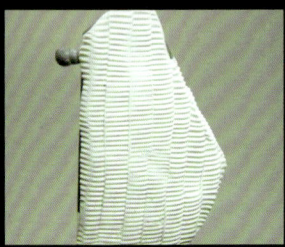

▲加上防磁塗層後的狀態。雖然看似複雜，但只要選對材料和工具，做起來其實非常簡單。由於是用補土覆蓋表面，因此無需對改造後的零件進行左右對稱或精確度上的調整，可以大大地縮短作業流程。

鉚釘表現

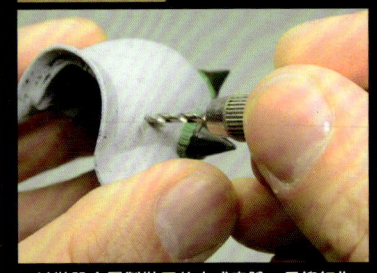

▲以裝設金屬製裝甲的方式來說，用鉚釘作為接合機制是相當常見的方法。不過直接黏貼市售鉚釘零件會顯得很突兀而影響外觀，因此要先用手鑽在表面稍微鑽出與鉚釘同型的孔洞才行。鑽洞時要注意別挖得太深。

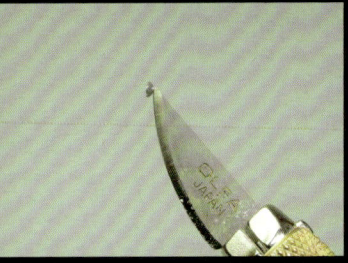

▲市面上有許多鉚釘零件可供選購，在此選用容易取得的壽屋製M.S.G系列的P102鉚釘2mm型。鉚釘用鑷子很難夾取，可以像這樣用筆刀的刀尖戳起。

▲將鉚釘放入用手鑽挖好的孔洞中，再滲入速乾型的流動型模型膠水加以固定住。鉚釘很容易在這個時候不小心脫落，建議準備比所需數量多20%的鉚釘，如此便能安心地作業。

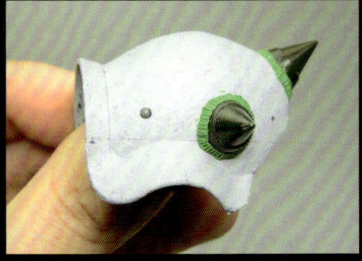

▲嵌入鉚釘的狀態。安裝鉚釘的作業容易讓人上癮，往往會不自覺地做得太超過，最好控制一下數量比較保險。當然，像38t戰車那樣全身布滿鉚釘的效果也很酷，鼓勵大家不妨多多嘗試。

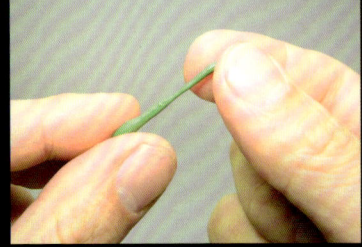

焊接痕跡

▲利用高溫熔化金屬進行接合的技術稱為焊接，第二次世界大戰的戰車焊接痕跡多半非常粗糙且凹凸不平。這種表現方式能為模型增添層次感，因此不妨在尖刺部分加上焊接痕跡。若要重現焊接痕跡，具有高黏度且延展性佳的AB補土是最理想的選擇。這次使用的是Games Workshop的綠補土。先將它延展成細條狀，再按壓黏貼在需要呈現焊接痕跡的部位上。

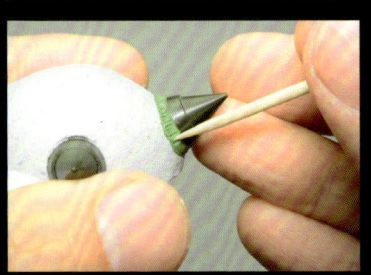

▲接著是將尖端塗有曼秀雷敦AD的牙籤壓在補土上，藉此重現焊接痕跡。對於近藤版MS來說，焊接痕跡做得比現實兵器更誇張一些會更加合適。資深AFV模型師青木周太郎先生的焊接痕跡表現非常值得參考，建議大家不妨參考看看。

彈簧動力管

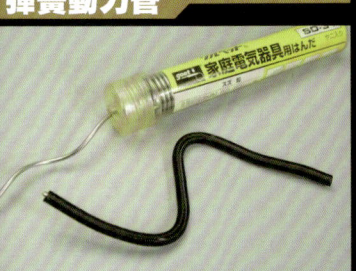

▲在製作近藤版吉翁系MS時，傳統的做法是使用彈簧管作為動力管。然而，直接使用彈簧管會顯得過於緊繃而不自然，建議將焊錫穿進彈簧管內，藉此營造出符合受到重力影響的自然彎曲效果。

05. 掌握近藤版MS的重點！

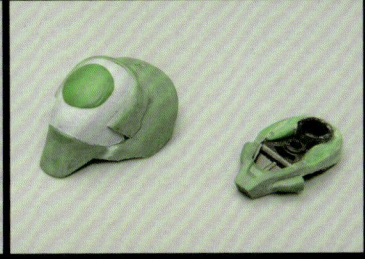

▲近藤版基拉·德卡的頭部結構類似馬拉賽，頭部與頭盔是分開的。將原本與頭部下側連為一體的下罩部位分割開來，改為黏合至上方，藉此修改成類似德軍鋼盔的造型。頭頂為獨具特色的圓形結構，這部分可經由按壓黏土貼經過揉圓的綠補土重現。

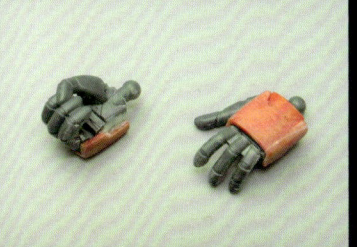

▲近藤版MS的手較小，而且只有四根手指，與其說像人類的手，不如說更像用於持拿武器的機械指。這次是使用RG新安州的手掌進行改造。先切除最外側的小指，再藉由相對地縮減手背的寬度予以重現。

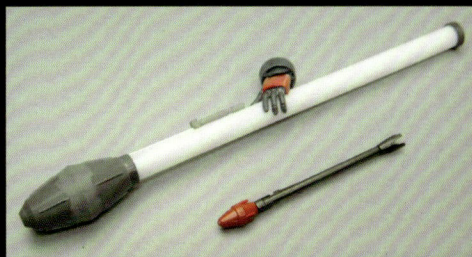

▲名為鐵拳的反戰車榴彈發射器是近藤版MS必備武裝，這是德軍在第二次世界大戰中使用的拋棄式無後座力砲。套件附屬的鐵拳火箭彈對於人型尺寸的MS來說太小，必須另行自製。這部分只要準備WAVE製U、噴射口L和8mm的塑膠管即可輕鬆製作出來。

◀近藤版MS的大型裙甲內側裝滿了噴射口。這裡沿用了MG傑爾古格Ver.2.0的噴射口來提升密度感。大型裙甲的內側即使是從正面也能非常明顯地看到，是需要注意的重點所在。

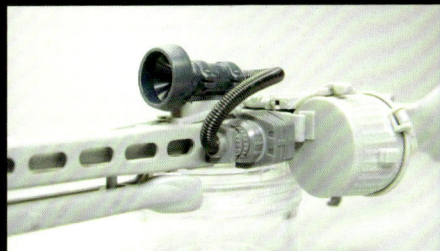

◀直接使用MG42會顯得很像第二次世界大戰的風格，因此將相當於感測器的部位更換成MG傑爾古格Ver.2.0的光束步槍零件和前臂骨架。將現實槍械運用在鋼彈模型上時，建議像這樣在醒目的部位加上鋼彈模型的零件，這樣就能更自然地融合在一起。

06. 製作成固定姿勢來欣賞！

▲比起保留可動性，近藤版MS更適合製作成富有躍動感的固定姿勢。為了呈現戰場上的荒廢感，可以使用在最新AFV模型擷取式場景中常見的帶皮天然原木片作為台座。在堆疊黏土之前，要先在木頭上均勻塗抹樹脂白膠作為黏合用。

▲重質黏土不易乾燥且難以操作，因此建議使用在生活百貨就能買到的輕質紙黏土作為地面的基本材料。還要注意黏土與台座的邊緣是否有緊密貼合。

▲在設想要擺出哪種姿勢的前提下，將下半身放在地台上，讓腳掌緊貼地面構成貼地部分。地形要有一定的高度起伏，而非完全平坦。採取讓單腳抬起這類具有躍動感的姿勢，即可完成魄力十足的展示地台。

▲只使用黏土會讓地面顯得非常單調，可以將各種物品埋入黏土中以增加變化。埋入用斜口鉗剪碎的軟木片即可構成岩石，埋入鐵道模型用的造景沙便能呈現布滿碎石的荒地。使用單一材料會顯得十分單調，不過只要混合約三種不同大小的沙礫，就能營造出逼真的效果。

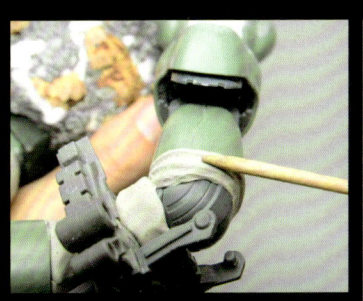

▲由於是固定姿勢，所以拆掉所有軟膠零件，改用AB補土填補空隙並固定住。用牙籤在補土上雕出蛇腹狀細部結構，做出像防塵套的模樣，如此一來就不需要打磨，製作起來非常輕鬆，又跟近藤版MS十分契合，相當推薦比照辦理。

▶以下半身的固定狀態為基礎，陸續設置上半身及四肢。另外，一定要在腳底用長5mm黃銅管打樁，並且確保能穿透用紙黏土製作的地面，直到黏土固定作為台座的木材部位裡。千萬別只用膠水將腳底固定在地台上，因為這樣很容易連同地面的紋理一起剝落，造成作品損壞。

林哲平的 機動模型超級技術指南

林哲平的機動模型超級技術指南

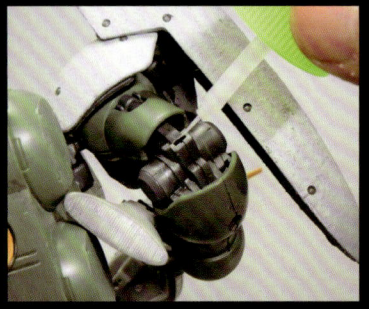

▲確定姿勢後，將速乾型的流動型模型膠水滲入關節中，藉此固定住。注意不要使用低黏稠度型的瞬間膠來固定，因其滲透力過強，可能會導致塑膠劣化破裂。

▶完成姿勢和細部結構處理後的塗裝前狀態。這裡設想MS手持MG42和鐵拳火箭彈於荒地行軍的場景。人類在爬坡時會扭動腰部讓上半身向前傾，但若使用套件原有關節，腰部扭動的角度會不夠，因此範例中用AB補土固定其中一側凸出部位，空隙是用基拉‧德卡的骨架零件來填補。由於有許多需要使用到曼秀雷敦AD的零件，因此在進行塗裝前一定要徹底清洗乾淨。

07. 近藤版MS就是要以三色迷彩來呈現！

▲以吉翁系近藤版MS的塗裝來說，最適合採用第二次世界大戰的德軍戰車迷彩了。首先是噴塗底色，這部分是使用Mr. 細緻黑色底漆補土1500和紅色調出的暗棕色底漆來施加全面塗裝。塗裝暗色系底色可以提升完成後的重量感。

▲將gaianotes的暗黃色和較多的Ex-白混合，調配成沙色。噴塗時要刻意讓稜邊部位殘留作為底色的暗棕色。市售的暗黃色通常都偏黃，因此加入白色以提升亮度，最好估計一下後續施加水洗時會變暗的程度。

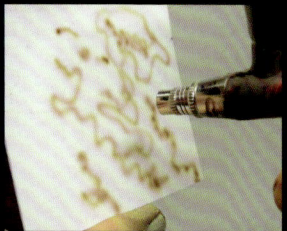

▲進行迷彩塗裝前，可以先在塑膠板等物品上稍微練習，噴塗時隨時進行微調，否則塗料會很容易飛濺出來。最好在塑膠板上先試噴，這是避免失敗的訣竅。萬一失敗的話，也可以噴塗暗黃色進行補色，然後重新進行噴塗。如果是1/100的MS，那麼使用0.3mm口徑的噴嘴便能進行細緻的迷彩塗裝。

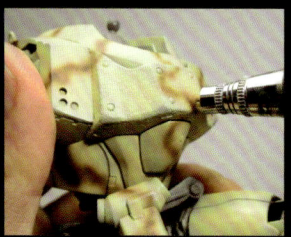

▲使用gaianotes的紅棕色噴塗迷彩紋路。進行迷彩塗裝時，建議將塗料調到相當稀的程度，會更易於控制噴塗效果。萬一失敗的話，也可以噴塗暗黃色進行補色，然後重新進行噴塗。

▲以紅棕色噴塗第一階段迷彩。為免迷彩紋路中斷而顯得不自然，最好先裝上裙甲再進行迷彩塗裝。另外，迷彩紋路可以參考大日本繪畫發行的《戰車模型技法深入講座（パンツァーモデリングマスタークラス，暫譯）》。

▲最後是噴塗橄欖綠的條紋來圍繞住紅棕色部分，這樣三色迷彩就完成了。三色迷彩的紋路有許多種版本，建議大家可以嘗試不同的風格。另外，直接使用橄欖綠會顯得過於偏向褐色，建議加入純色青以增加藍色的色調。

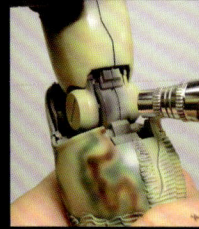

▲關節部分是使用噴筆進行細噴上色。即使稍微塗出界也無所謂，畢竟經過舊化處理後就會跟主體的漸層和陰影部分融合在一起，完全看不出來。因為無須將零件拆開來分別上色，故相較於可動式模型，能在短時間內完成塗裝。

▲近藤版MS不可或缺的車身編號取自小號手製1/35 E-100水貼紙。先用熱毛巾輕輕地壓在水貼紙上使其變軟，再搭配足量的水貼紙軟化劑用棉花棒進行按壓，即可讓水貼紙密合黏貼在凹凸不平的防磁塗層上。

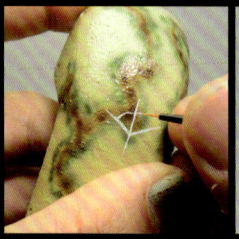

▲近藤版MS的吉翁標誌，特徵在於其獨特形狀。壽屋有一段時間推出過名為「Harucyan」的水貼紙，但現在已經買不到了，只能以手繪的方式重現。幸運的是，近藤版的吉翁標誌設計非常適合手繪，拿面相筆沾取TAMIYA琺瑯漆的消光白小心地進行描繪，即可輕鬆完成。當時有許多範例也是以手繪方式重現吉翁標誌，適合用來營造時代感和軍武風格，希望大家能當作手繪入門嘗試看看。

▲將水貼紙等機身標誌黏貼完畢後，使用柔順型消光劑和粗糙型消光劑+Ex-透明漆來噴塗消光漆層。適量混入粗糙型消光劑，即可達到完全消光的效果。如果只使用粗糙型消光劑的話，表面會過於粗糙，請特別留意這點。

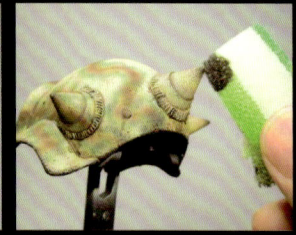

▲施加水洗和掉漆痕跡等基本的舊化處理。這次使用的是與《週末動手做 鋼彈模型完美組裝妙招集 鋼彈簡單收尾技巧推薦》收錄範例MG薩克加農同樣的舊化技巧，希望大家務必要參考一下。

▲眾所周知，在有著掉漆痕跡的稜邊部位用鉛筆芯進行塗抹，即可營造出逼真的金屬色外露效果，但比起直接用鉛筆塗抹，不如先用180號砂紙將鉛筆芯磨成粉，再用指腹沾取鉛粉去擦拭稜邊，使鉛粉柔和地附著上去，這樣就能獲得更加逼真的金屬色外露效果。但要注意的是，必須避免沾到鉛粉的手指在作品上留下指紋。

▲單眼部位是拿手工藝用的紅色彩珠（萊茵石）來呈現。以前近藤版MS的樹脂套件就附有作為單眼用零件的彩珠，壽屋也曾以「閃亮水晶」為商品名稱販售過。對近藤版MS來說，彩珠是不可或缺的道具。

第5回 以傳統手法讓軍武MS的巔峰之作「近藤版MS」重獲新生！

■ 您知道近藤版MS嗎？

在1980年代後期到1990年代初期，相當於從《機動戰士鋼彈 逆襲的夏亞》到《機動戰士鋼彈0080 口袋裡的戰爭》的這段時期裡，大量融入了現實兵器形象的軍武風格，可說是席捲了整個鋼彈世界。在立體模型的世界中也是如此，繼承了小林誠老師軍武風格的路線，近藤和久老師所描繪的「近藤版MS」也引發轟動而風靡一時……

正在看這一頁的熱情近藤迷應該都知道這件事吧？重量感十足的造型，經過重新詮釋的基拉‧德卡和沙薩比，以及近藤老師原創設計的哥布林、G3、古斯塔夫系列等機體，這些「作為兵器的MS」的高完成度設計，即使放到現在來看也毫不遜色，著實令人愛不釋手。作者7歲時在《BOMBOM漫畫月刊》的樹脂套件介紹專欄中，看到了1/220比例的哥布林而一見鍾情，故而花光小學生的所有積蓄買來組裝，這件事至今仍是作者的美好回憶。

■ 鎌田版還是近藤版？

話說回來，儘管基拉‧德卡可說是近藤版MS的象徵，但前期和後期在造型上有很大的差異。作者認為大家會第一個聯想到的「近藤版基拉‧德卡」，應該是由鎌田勝先生製作原型的B-Club 1/220樹脂套件。作者也很喜歡鎌田先生詮釋的基拉‧德卡，一開始也是打算按照這個造型來製作。不過，在HOBBY JAPAN發行的模型專輯《MOBILE SUIT GUNDAM NEW GENERATION》中，刊載著早期近藤版基拉‧德卡的設定圖，以及北野雄二先生將其立體化的範例，兩者在體型上都具有更加凸顯「融入軍武風格的MS」這個特徵。作者認為這些特色也能應用在基拉‧德卡以外的MS上，易於將其他MS也詮釋成近藤風格，所以才寫了這篇說明。而這也是本次製作「近藤版基拉‧德卡初期型」的理由。如果以四號戰車來比喻的話，各位想像成D型應該會比較易於理解吧。

Coloring Data
配色表

※基本上都是使用gaianotes的gaiacolor
底色＝Mr. 細緻黑色底漆補土1500＋暗紅色
暗黃＝暗黃色＋Ex-白
紅棕＝紅棕色
暗綠＝橄欖綠＋純色青
灰＝機械部位用深色底漆補土＋終極黑
透明漆層＝柔順型消光劑＋粗糙型消光劑＋Ex-透明漆

林哲平
在《HOBBY JAPAN月刊》上相當活躍的HOBBY JAPAN編輯成員。在月刊上也是擔綱圖解製作指南之類的單元，製作範例的本事正如本單元所示。另外，亦精通製作各種領域的模型。

095

週休2日就能做到此等境界！

櫻井信之的

第5回 ｜ 1/1500 宇宙海盜戰艦 理想國度號

為了諸多缺乏自由運用時間的社會人士，職業模型師櫻井信之要介紹既省時又能做出精湛作品的技法！這次要以在《電影版 銀河鐵道999》中登場的理想國度號為主題，尋求該如何視為船艦模型來製作的方式。本次將致力於塗裝表現上，不過再進入接下來介紹的作業之前，需要先花上約5個小時完成基礎的製作工程才行。

1/24 回到未來迪羅倫時光機 PART I

這是 HASEGAWA 製「CREATOR WORKS系列」商品陣容之一的套件。這款套件重現了在艦首設有骷髏浮雕標誌，於《電影版 銀河鐵道999》中首次登場的理想國度號。

STEP 1 塗裝準備　2小時

HASEGAWA 製「宇宙海盜戰艦 理想國度號」並非近年主流的免上膠式卡榫套件，而是需要使用模型膠水黏合零件的正宗派塑膠模型。因此有某些細小零件在裝設部位上未設置免上膠式套件的卡榫構造。另外，儘管理想國度號看是以單一顏色為主，但實際上需要用深淺兩種綠色塗裝，塗裝前的準備階段充分掌握住顏色相異處，然後將零件分門別類的話，有助於節省作業時間。

▶ 這次以 GSI Creos 製「Mr. 桃花心木色底漆補土1000」作為底色。由於船身是綠色系的，因此使用褐色系底色會搭配得很不錯。近年來有色底漆補土的種類也豐富許多，得以簡化塗裝底色的步驟。

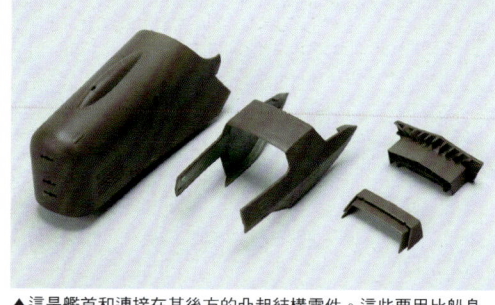

▲ 這是艦首和連接在其後方的凸起結構零件。這些要用比船身色更明亮一些的綠色來塗裝。艦首後方凸起結構零件只要稍微撐開來，即可做到先上色再組裝的「分件組裝」。

▲ 這些零件要塗裝成比艦首部位更暗沉一些的綠色。由於除了艦首一帶以外，其餘部位幾乎都得塗裝成這種暗綠色，因此或許該說這個顏色才是主體色吧。

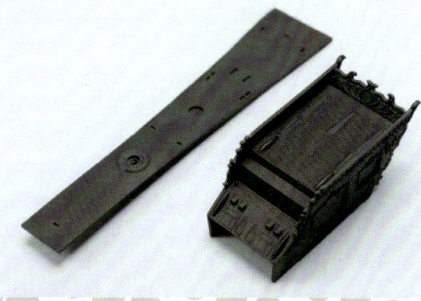

▲ 要裝設砲塔的上側甲板，以及位於船身最後方的船尾樓都要塗裝成褐色系。為了表現出有如木製船般的形象（純粹就氣氛而言），因此要用使比桃花心木色底漆補土更明亮的顏色。

▲ 有別於說明書中的組裝步驟，先將艦首後方凸起區塊給黏合起來，之後再藉由將左右兩側稍微撐開裝到主體上。為了做到這點，必須讓黏合部位具有一定強度才行，因此利用0.2mm不鏽鋼製蝕刻片零件的框架來進行補強。

096　©松本零士・東映動畫

▲在松本作品機體上廣為人知的天線桅桿要用夾子之類物品夾著來塗裝。由於有一部分零件欠缺組裝用的卡榫之類結構，因此基於完成後的強度考量，用0.3mm黃銅線為這類零件打樁，這樣一來也能藉由夾住黃銅線來進行塗裝。

▲需要裝設於船腹處的艦龍骨和擾流翼為鰭片狀零件。這類零件難以用夾子固定住，必須先將接合面黏貼在高黏力的雙面膠帶上，然後再進行塗裝。

◀▼艦首處骷髏浮雕根據作者個人喜好將尺寸削磨得稍微小一點。這樣即可避免浮雕蓋住艦首頂部，讓骷髏只集中在艦首正面。這項修改相當簡單易做，有興趣的玩家不妨親自嘗試看看。

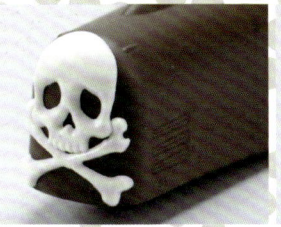

STEP 2　基本塗裝&紋理塗裝
5小時

理想國度號是一艘海盜戰艦。以前提到海盜船，就會聯想到木造船。雖說宇宙戰艦當然不可能是木造的，但添加營造形象所需的要素，這點對做模型來說十分重要。這次並未運用一般的光影塗裝增添色彩資訊量，而是要採用其他手法來為船身施加塗裝。

▲這是已經噴塗過桃花心木色底漆補土的艦首零件。儘管先前提過褐色很適合作為綠色系的底色，但若是要塗裝偏藍色系的銘綠色時，這個顏色就稱不上合適了。這種底色比較適合帶有軍武風格褐色的綠色使用。

▲首先是沿著紋路、刻線、逆向稜邊等部位噴塗消光黑。因為這頂多只能算是為底色塗裝添加韻味，所以不用太過於講究，只要像添加陰影一樣大致噴塗即可。

▲再來是噴塗作為基本色的綠色。此時要採取薄到能透出底色，還要讓發色效果顯得不規則的方式進行噴塗，這樣才能營造出氣氛。由於並非以黑色為底施加光影塗裝，因此訣竅在於採取點狀噴塗方式。

▲要塗裝成褐色的上側甲板和船尾樓因為顏色和主體不同，所以是改用GSI Creos製「Mr.細緻黑色底漆補土1500」作為底色，不過就算不更換漆補土，而是和主體一樣使用桃花心木色底漆補土，然後再噴塗消光黑也行。

▲由於這個階段要用較明亮的顏色來塗裝，因此選用gaianotes 222號氧化紅進行噴塗。再來還要用提高明度的顏色來噴塗高光。之後則是用琺瑯漆的黑色和焦褐色來進一步營造出氣氛。

POINT 1　凸起結構的遮蓋

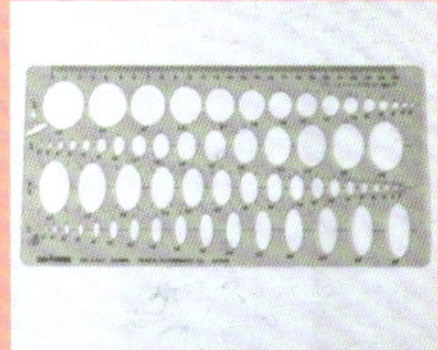

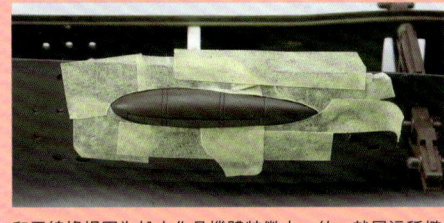

和天線桅桿同為松本作品機體特徵之一的，就屬這種橢圓形凸起區塊了。想要為這種形狀獨特的部位進行遮蓋時，只要利用模板來裁切遮蓋膠帶即可。由於橢圓形的模板裡刻有各種大小不同弧線，因此只要找出適用的部分來裁切遮蓋膠帶，再拿它們來拼組搭配，即可順利完成遮蓋。如果手邊能備有2～3種模板的話，應該就足以對應各式曲面才是。

▲採用前一期也介紹過的濾網來施加紋理塗裝。由於冷氣機和流理台用的濾網為不織布製，而且網眼為不規則狀，因此可以利用這個構造蓋在零件上進行噴塗，讓穿過濾網的些微塗料附著在零件表面上。

▲藉由運用不規則的網眼進行遮蓋後，噴塗出了宛如有機物般的斑紋。首先是提高基本色的明度，再施加這種紋理塗裝作為高光。不過並非全面性地噴塗，而是要分散開來噴塗斑紋，這才是訣竅所在。

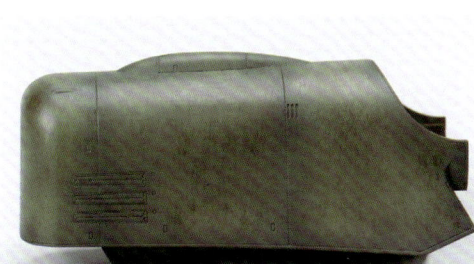

基本塗裝完成！

▼基本塗裝完成的狀態。雖然以綠色系的模型來說，通常都是以黑色或褐色為底色，再用綠色來施加光影塗裝，不過就算是使用相同的底色、相同的基本色，只要採用不同的塗裝手法，整體的氣氛也會變得截然不同。

▲接著是用煙灰色（透明黑）來施加紋理塗裝。這道作業的用意並非添加陰影，而是和先前噴塗高光時一樣，目的在於為塗裝面增添視覺資訊量。

097

STEP 3 為紋路添加陰影
2小時

由於在基本塗裝中是以為船身表面添加紋理表現為主，因此必須另以其他作業來添加模型所需的陰影。這次要施加在歐美科幻電影用道具之類物品上常見的紋路陰影，藉此營造出疏密差異。

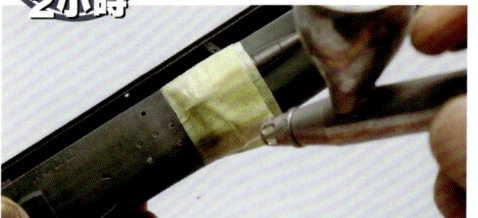

▲基本作業方式先沿著刻線黏貼遮蓋膠帶，針對遮蓋膠帶與套件的交界線噴塗煙灰色（透明黑），這樣就算是完成了。重點在於藉由改變噴塗時的寬度與濃度來營造強弱差異。

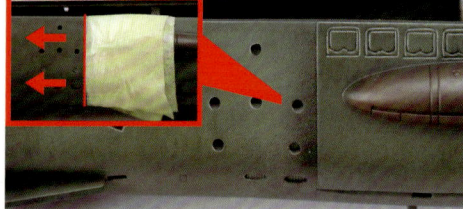

▲在此舉個具體的例子，先在刻線的右側黏貼遮蓋膠帶，再針對遮蓋膠帶的左側噴塗煙灰色。這樣一來即可以刻線為界，在左側營造出鮮明的對比。

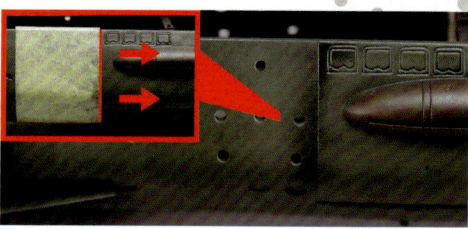

▲等塗料乾燥後，這次改為在刻線左側黏貼遮蓋膠帶，再針對遮蓋膠帶的右側噴塗煙灰色。這時只要讓陰影的濃度、噴塗的位置＆寬度有所變化，即可為紋路賦予強弱有別的「韻律感」。

▶為船身整體施加紋路陰影後的狀態。不僅有為刻線兩側都添加陰影的部位，亦夾雜著只為單側添加陰影的部分。而且不僅是縱向，隨著連橫向也添加陰影後，疏密有致的變化也更為顯著了。除了藉由噴塗方式賦予深淺差異之外，改用灰色調透明漆這類比煙灰色更淺的塗料來營造效果也行。

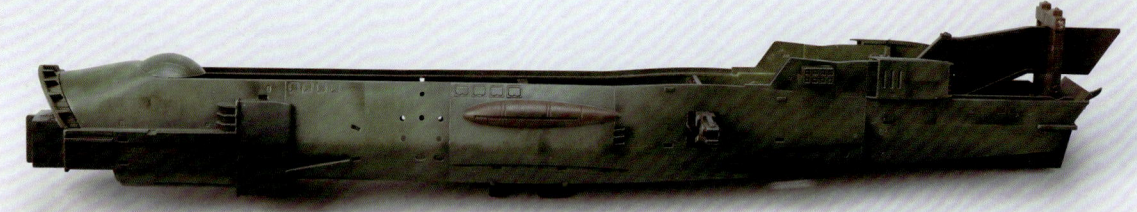

◀再來要介紹另一種模式＆應用法。首先是沿著刻線的其中一側黏貼遮蓋膠帶，然後噴塗陰影。到目前為止都和先前的方式相同。

◀接著是改在另一側黏貼遮蓋膠帶，而且還要在沒有刻線的地方橫向黏貼遮蓋膠帶，然後以遮蓋膠帶交錯的部位為中心噴塗煙灰色。這樣一來，就算是原本沒有刻線存在的地方，亦能營造出宛如有紋路般的表現。

◀反覆進行前述作業後，即可在原本既寬闊又單調的表面上添上正比例的感刻線更為細膩的紋路表現了。只要夠熟悉這個技法，那麼往後就算要純粹憑感覺來噴塗也行。

STEP 4 濾化
1小時

這次塗裝時是藉由重疊塗佈在色調上有著微幅差異的綠色來增添色彩資訊量。接下來如果按照一般方式用褐色或黑色來施加水洗和入墨線的話，那麼很可能會損及花時間重疊塗佈營造出的色彩資訊。因此這次改為施加具有補色效果的濾化，使陰影能更為醒目。

色相環

▲Mr.舊化漆系列有推出名為「濾化液」，顏色鮮明到乍看之下完全想不到和舊化有什麼關係的塗料。照片中自左起依序為岩壁綠、陰影藍、層次紫羅蘭色。這是在施加濾化塗裝時能藉由對比色和互補色原理進行濾化的專用塗料。在此站且省略相關理論，就算不懂原理也只要靠著色相環來選用對比色（互補色，亦即位於圓環正對面的顏色）即可。

▲由於這次的主體色為綠色，因此選用層次紫羅蘭色來施加濾化。雖然這個色調乍看之下會令人猶豫是否該塗佈在整體上，但別害怕，塗上去之後料之外地容易融為一體呢。

◀▲一般來說，水洗＆濾化會用褐色系來處理，但選用互補色來施加濾化的話，即可讓陰影更為醒目，對比效果也會更強，因此能巧妙地為色調增添風采。

POINT 2 浮雕紋路的塗裝

理想國度號的船尾樓上刻有浮雕紋路。儘管套件中附有這部分的水貼紙，但既然身為硬派模型玩家，那麼肯定要用塗裝方式來重現這個部分。

◀這次為了便於在失誤時進行補救，因此選用了TAMIYA琺瑯漆X-12號金箔色。先用面相筆沾取塗料，再以乾刷要領，將筆尖擺成近乎水平的角度，然後像是輕輕地抹過浮雕表面般地讓塗料沾附上去。

▲塗出界處就用尖頭型棉花棒擦拭掉。除此之外，只要沿著浮雕紋路邊緣用黑色或暗棕色的琺瑯漆進行滲流，即可在凸顯邊界線之餘，亦一併掩飾掉細微的塗出界痕跡，可說是一舉兩得。

▲最後是用消光透明漆噴塗覆蓋，讓金色粒子變得沉穩些，即可營造出不會太過醒目且內斂的浮雕紋路。接下來只要再為褐色部位施加水洗，藉此讓船尾樓顯得更具深邃感即可。

他日再於
星海的某處
重逢吧──

雖然本單元每次都會以在名作中登場的機體為範例，但這次更是特地選擇了只要是現今50歲左右的好漢，肯定都有深深地烙印在內心裡的船艦「理想國度號」作為題材。而且更運用複數顏色重現了在《電影版 銀河鐵道999》接近結局的場面中，理想國度號受創時那種深邃的綠色。

▌1/1500 宇宙海盜戰艦理想國度號
（《電影版 銀河鐵道999》）
● 發售商／HASEGAWA ● 4800日圓，發售中
● 1/1500，約33.65cm ● 塑膠套件

SPACE PIRATE BATTLESHIP
ARCADIA

HASEGAWA
1/1500 scale plastic kit
modeled & described by Nobuyuki SAKURAI

運用塗裝手法
提升視覺資訊量
藉此表現航向
無盡星海的海盜船

用桃花心木色噴塗底色，再用黑色噴塗陰影，接著塗裝作為基本色的暗綠色，還藉由紋理塗裝添加高光與煙灰色。不僅如此，更利用紋路陰影塗裝手法添加陰影……在重疊塗佈了許多層後，總算營造出難以用言語形容的精湛質感。

SPACE PIRATE BATTLESHIP
ARCADIA

HASEGAWA
1/1500 scale plastic kit
modeled&described by Nobuyuki SAKURAI

櫻井信之
活躍於各式媒體的模型傳教師。精通製作各種領域的模型。

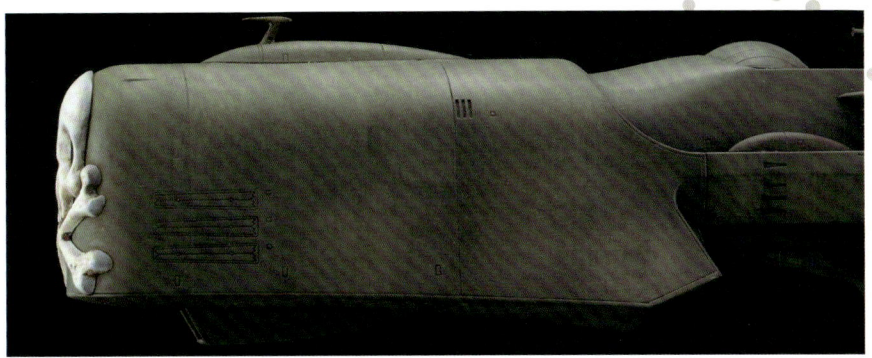

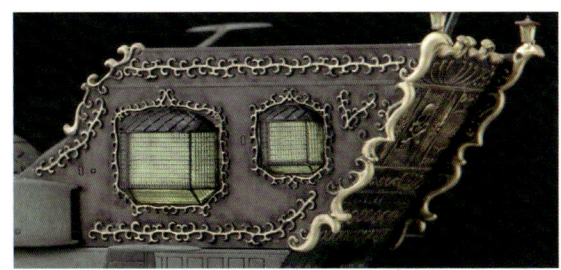

▼這是船身的側面照。這次並非按照一般方式施加水洗，而是用層次紫羅蘭色施加濾化，藉此凸顯陰影。

▲浮雕紋路是拿面相筆用乾刷的要領將金色粒子抹在細部結構上而成。窗戶部位是在透明黃零件內側黏貼了HASEGAWA製鏡面曲面密合貼片作為反射板。該零件的窗框亦是靠著乾刷方式來塗上消光黑。

在松本動畫中，宇宙就是「大海」，海盜船就是「船舟」。既然要製作理想國度號，那麼這就是必備的先決要件，亦是與國內外科幻作品營造出區別的重點。這次塗裝靈感來源在於《電影版 銀河鐵道999》接近結局的場面中，與999並排航行向鐵郎告別時的理想國度號側面美術形象畫稿。為了表現出已克服了無數冒險與戰鬥，船身表面不僅有著受損痕跡和褪色之處，更運用了帶有深邃感的綠色來描繪。對我個人來說，一提到理想國度號的質感，就該是那種帶有深邃感的綠色才對。這點即使是在40多年後的今天也毫無改變。噴筆原本就是要藉由塗裝出微幅的模糊效果搭配遮蓋才能發揮最大效果。本次正是試著運用這些複合技法來重現我少年時代心目中的理想國度號，不曉得各位覺得如何呢。最後我想抒發的是，打從孩提時期便令我憧憬無比，懷抱著鋼鐵信念的理想男子漢哈洛克船長……為他配音的井上真樹夫先生已然過世。我不想用充滿男子氣概或多愁善感的言詞為他送行。在此僅以一句話表達衷心的感激之情……「再見了，吾友」。

101

懷舊模型獵人
NATSUKASHI MOKEI HUNTER 第5回

主題 初代鋼彈傳單集

自鋼彈模型在1980年7月問世後，時至今日已有40年以上的歷史了。隨著商品發售，亦配合製作了告知大眾用的宣傳單。這次本單元介紹在1980到1984年這段期間，配合《機動戰士鋼彈》和《機動戰士鋼彈 MS衍生發展型（MSV）》推出新套件時附屬在商品裡的各式宣傳單。還請各位仔細欣賞包含BANDAI模型和BANDAI HOBBY事業當時所構思的宣傳策略，還有為了宣傳單所拍攝的模型照片在內，匯集於極有限版面當中的各式要素。

鋼彈模型是從1980年開始推出商品的。BANDAI模型的角色模型類商品已在前一年，亦即1979年時便以「THE HERO」為名自成一個類別，鋼彈模型的宣傳單也是作為其中一環進行編撰。最初分發的宣傳單為《THE HERO 1980》Vol.7，主要是附屬在1/144鋼彈裡。其中刊載了鋼彈、薩克、姆塞等初期商品陣容，還連同企劃進行中的文案介紹諸多機體相關設定資料，令消費者對今後的發展充滿期待。接著是在1981年2月製作了《THE HERO 1981》Vol.1。這份宣傳單一舉介紹到7個月後，亦即到該年9月份為止的所有商品，鋼彈模型如怒濤般湧來的攻勢也如實地在版面上呈現。在這之後，到了1981年夏季時總算才有獨立的宣傳單登場。附帶一提，就像《THE HERO》為B5開本的型錄，也另有《模型情報》尺寸的型錄存在一樣，1980年度亦有從《模型情報》尺寸版中摘錄資訊，轉為製作成宣傳單的例子。

（編撰統籌＆資料／五十嵐浩司）

1980年

◀這是《THE HERO 1980》Vol.7。期號是從1979年開始算起。Vol.1～3是在1979年度內推出的，其中刊載了《宇宙超人》《巨獸王》《航艦藍天號》《旋風小飛俠》《哆啦A夢》等內容。Vol.4～9是在1980年度內推出的，其中刊載了《雷鳥神機隊》《黑豹傳奇》《神勇戰士》《電子戰隊電磁人》《宇宙戰艦大和號》《卡車好漢》等內容。附帶一提，《機動戰士鋼彈》是在Vol.5才首度刊載。

◀這是《THE HERO 1981》Vol.1。期號延續至1982年。自Vol.2起陸續介紹了《宇宙戰艦大和號Ⅲ》《超人力霸王80》《百獸王五獅王》《太陽戰隊太陽火神》《鐵人28號》《怪博士與機器娃娃》《新竹取物語1000年女王》《未發售》《宇宙戰士》《雷霆王》《無敵小戰士》等內容。雖然Vol.4為空號，但介紹了獨立關節模型和大空魔龍（未發售）再度販售訊息的「特別號」應該相當於Vol.4。

1980年這份宣傳單是摘錄自1980年底推出的《THE HERO》型錄，嚴格來說並非為了鋼彈模型才編撰的。介紹的商品基本上和《THE HERO 1980》Vol.7差不多，卻也一路刊載到了1981年3月份的諸多商品陣容，可說是預告將會配合電影版在3月份上映展開盛大攻勢。

1981年

這是配合電影版《機動戰士鋼彈Ⅱ 哀戰士篇》於7月份上映所製作的宣傳單。不僅詳述了《哀戰士篇》結局的故事內容，還提到身為主要製作的富野由悠季監督（當年是以富野喜幸為名）、安彥良和老師、大河原邦男老師提供講評。最後一頁刊載了1981年冬季至隔年的商品陣容預告，以及相關設定資料。就結果而言完全未使用任何一張塑膠模型照片。這也令人聯想到當時因為各地嚴重缺貨而得刊載道歉啟事的情況。

1982年

1982年前半是以「擬真型」作為主打商品。儘管在背景照片中有著古夫、吉昂、傑爾古格的身影，但最後真正發售的只有傑爾古格。最下面一排刊載了《戰鬥機械 薩奔格爾》。這些步行機具的畫稿都是以動畫設定為基礎追加細部結構而成（與模型設計用的擬真型畫稿不同）。在第4頁中則是刊載了商品列表。

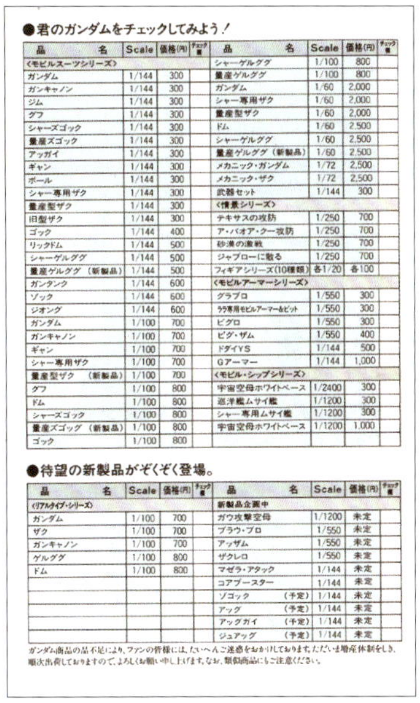

這是1982年7月發行的宣傳單。盛大刊載了亞克凱、亞克、索格克、裘亞克這幾種未在《機動戰士鋼彈》中登場的MS。另外，亦介紹了1982年度的最新商品。在這個時間點是預計會以1000日圓這個價格推出1/100裘亞克的。以當時的1/100鋼彈模型來說，這是最高額的價格，這也令人格外好奇商品內容究竟會是什麼樣子。附帶一提，亞克的1/100套件在實際發售時將價格降為700日圓。至於背面刊載的「擬真型」則是除了薩克Ⅱ、德姆、鋼彈、鋼加農之外，亦把傑爾古格也加入其中。

1983年

這是1983年1月發行的宣傳單。這也是以BANDAI模型為名義的最後一份宣傳單。在這份兼具歷來發售各式鋼彈模型勾選表功能的彩色型錄中，刊載了情景模型、角色收藏集以外的所有商品。在MA類別中還包含了G裝甲戰機和馬傑拉攻擊戰車。另外，還公布了將推出《MSV》的消息。

懷舊模型獵人

1983年

這是成為BANDAI HOBBY事業部後所推出的第一份宣傳單。《MSV》的MS-06R薩克Ⅱ被視為主打角色。從傑爾古格加農是以配備了加速用推進器背包的夏亞專用傑爾古格來呈現，以及德姆原型機是以熱帶測試型來呈現這兩點來看，這應該屬於企劃尚未為完全定案的時間點。第4頁則是刊載了「3D LAND」的廣告。

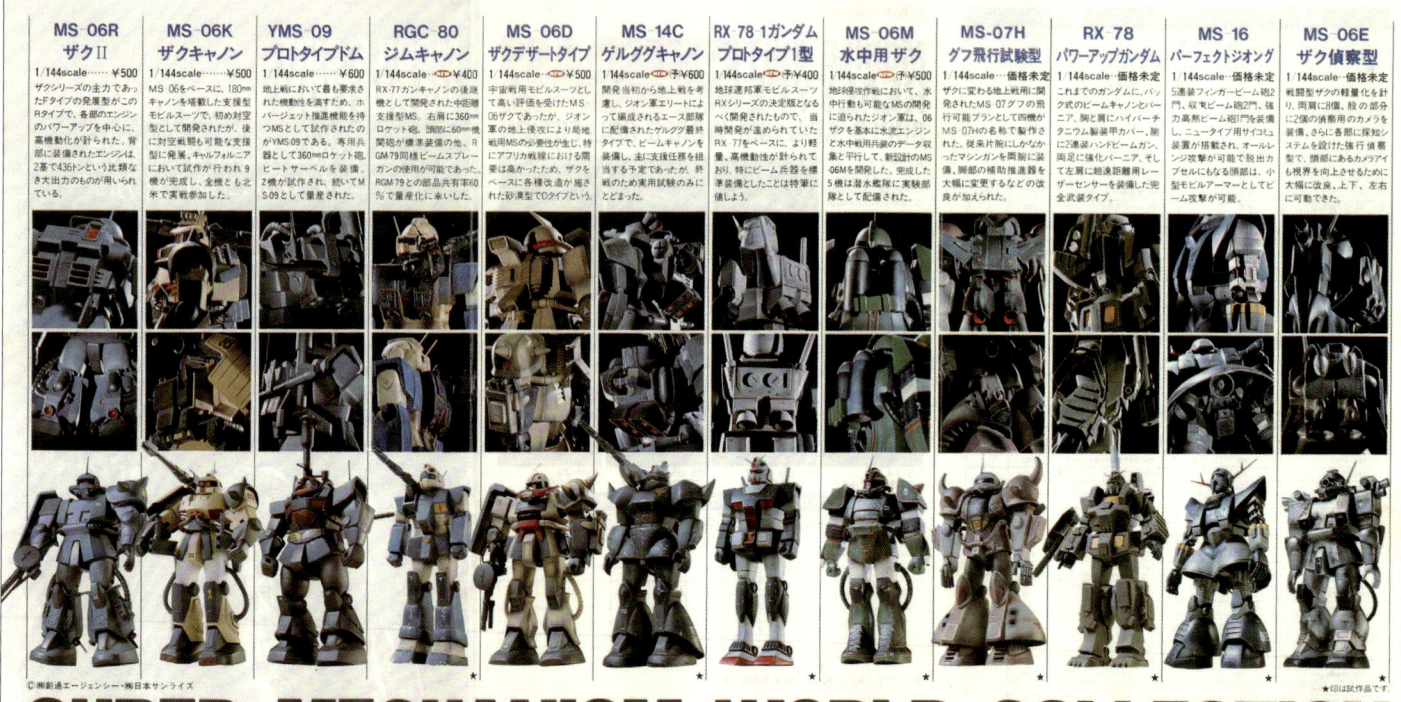

1983 NATSUKASHI MOKEI HUNTER

SUPER MECHANISM WORLD COLLECTION

MS-06R	MS-06K	YMS-09	RGC-80	MS-06D	MS-14C	RX-78-1	MS-06M	MS-07H	RX-78	MS-16	MS-06E
ザクⅡ	ザクキャノン	プロトタイプドム	ジムキャノン	ザクデザートタイプ	ゲルググキャノン	ガンダムプロトタイプ1型	水中用ザク	グフ飛行試驗型	パワーアップガンダム	パーフェクトジオング	ザク偵察型

《MSV》正式展開，一舉讓12架機體齊聚一堂的封面令人為之瞠目結舌。運用兩張照片聚焦在背面等重點上的架構，充分地點出了《MSV》的特徵何在。在這個時間點，全備型吉翁克是打算推出1/144比例套件的。不過截至編撰本期的時間點，1/144全備型吉翁克仍處於毫無任何消息的狀態，因此當時或許真是個極為難得可貴的機會呢。全裝甲型鋼彈在這個階段是以強化型鋼彈為名義，在1/144鋼彈身上增設裝甲而成。最後一頁刊載了作為「擬真型」最新商品的舊薩克和吉姆。連同照片在內，就連文字介紹的密度也相當高，由此可見為了替欠缺動畫這個媒體的《MSV》進行宣傳，必須將版面利用到極限來傳達這個系列究竟魅力何在。

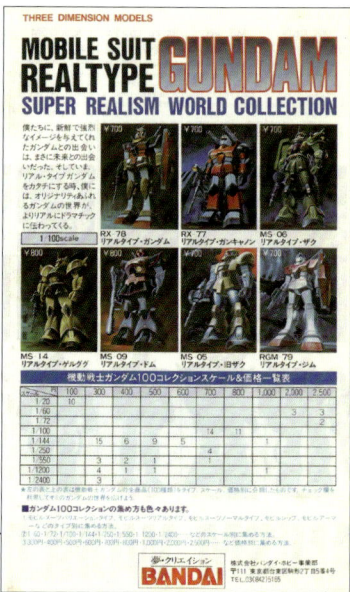

Back to 1983

104

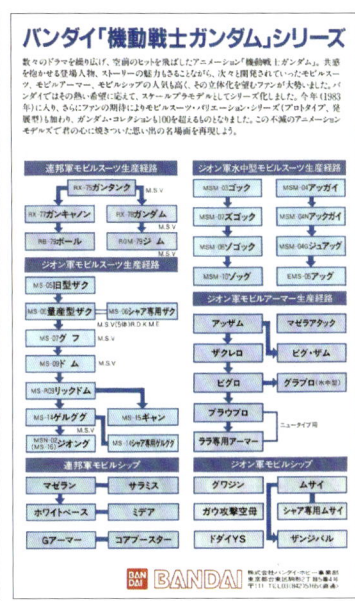

1983年度也發行了《機動戰士鋼彈》的完整商品陣容型錄。最後一頁刊載的MS、MA、機動船艦（戰艦和飛機當時是使用這個名詞來統稱）生產經緯相當有意思。

1984年

在邁入第2年的《MSV》新產品宣傳單中，一路介紹到了6月份的商品陣容。封面中最為龐大的角色是全裝甲型鋼彈，能感受到主打角色由薩克交棒給了鋼彈。內頁有MS-06R 薩克Ⅱ、強尼‧萊登座機，以及薩克高性能強行偵察型的重點介紹，由此可見薩克有多麼深受喜愛。

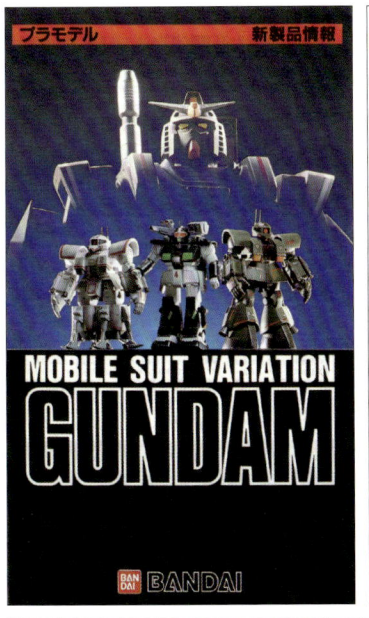

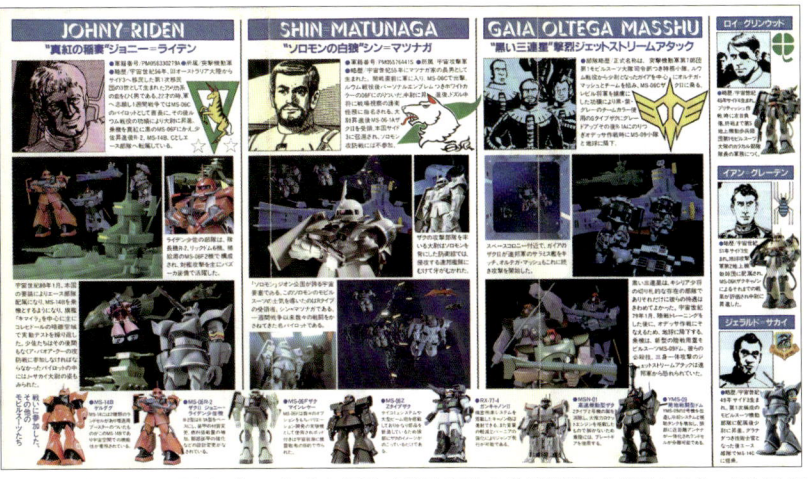

這是最後一份單獨介紹《MSV》的宣傳單。雖然封面為全備型鋼彈和全備型吉翁克，但內頁是以介紹王牌駕駛員為主的讀物。這方面包含了強尼‧萊登和真‧松永的軍籍編號等講談社出版物刊載資料。背面則是介紹了全備型鋼彈、全備型吉翁克，以及1/250的G裝甲戰機。

機械設計師列傳

SPECIAL TALK　Yasuhiro Moriki

第5回　森木靖泰

自從在《宇宙奇兵》一作中出道後，森木靖泰老師已經在動畫、特攝、玩具、漫畫等諸多領域持續活躍了35年以上。儘管是以機械設計師的身分出道，但後來也經手怪獸造型和料理類畫稿等各式各樣的設計。這次正是要請教森木老師是如何以機器人動畫為契機，開拓出如此多元廣泛的工作內容，亦要請他為今後有志成為機械設計師的同好指點些許方向。

Profile
森木靖泰■9月25日出生。出身愛媛縣。機械設計師。以到Pierrot工作室毛遂自薦為契機，在1984年時在《宇宙奇兵》一作中出道。自此之後，一邊以擔任動畫的機械設計為中心，亦一邊經手特攝作品和玩具的設計。現在除了身為機械設計師之外，亦擔綱道具設計等工作。由森木老師擔任機械設計原案的電影《機動戰士鋼彈 閃光的哈薩威》已於2021年上映。

到Pierrot工作室毛遂自薦

——請問森木老師對機械設計師產生興趣的契機何在呢？

森木：我在讀小學時就隱約想過以後要當機械設計師喔。最初的契機或許在於看電視時發現製作團隊名單中有這種職業吧。當年還沒有動畫專門雜誌存在，因此只是純粹很好奇動畫製作團隊名單中「機械設計師」到底是什麼。

那份疑問一直存在於我心中，就連後來上了國中、高中也一樣。最後我決定往動畫業界闖闖看。於是高中畢業後，我便去Pierrot工作室（現為Pierrot）毛遂自薦，正式踏出了成為機械設計師的第一步。

——您就是在這層原委下進入動畫業界的嗎？

森木：其實我有一位高中同學先一步進入Pierrot工作室就職，擔任完稿的工作，因此我是透過對方搭上線的。儘管當年的動畫師幾乎都是如此，但只要是對這方面有幹勁的人，似乎都會姑且先找去面試。我當時帶了自己的畫作去面試，還談了一下大概能做什麼樣的工作，大致上是這樣。

當年負責面試我的人正是鳥海（永行）老師（※1）。那時他們剛好在製作《DALLOS》（※2），於是鳥海老師就把我介紹給了押井（守）老師。我記得自己第一份工作就是為鳥海老師和押井老師的企劃書繪製插圖。那時我還以希望能請押井老師看看自己畫得如何為名義，每個月都去他家拜訪一次。我也因此在他府上認識了庵野（秀明）監督和片山（一良）監督，更有幸受邀加入他們的團隊。

——所以那次毛遂自薦讓您獲得了在《宇宙奇兵》中出道的機會呢。

森木：作為Pierrot工作室的設計師，我是負責經手入侵者的敵方機體和道具設計（※3）。俾斯麥、陸上猛獅、箭擊號、多納太羅這些主要機體則是由當時在BANDAI任職的村上克司老師（※4）擔綱設計。由於村上老師僅針對供研發商品用而繪製了正面圖和頭部特寫之類最低限度的圖稿，因此後來由我補充繪製了背面造型等各部位細節還有駕駛艙。

——《宇宙奇兵》是播映檔期為一年的電視版動畫呢。以出道作品來說，工作量應該相當大吧。

森木：那也是Pierrot工作室經手的第一部機器人動畫，因此相關的經驗不足，也尚未奠定適當的工作流程，就設計的工作量來說確實不少呢。基於這方面的考量，製作到途中便不再每集都設計不同的敵方機體，而是改為量產機。話雖如此，《宇宙奇兵》在工作量上也還不到需要睡在工作室裡趕工的程度。不過等到開始做接檔動畫《忍者戰士 飛影》時，我就變得必須經常和大畑（晃一）監督通宵繪製設定圖稿了……

製作《飛影》時，我主要是負責札‧布姆軍陣營的機械設計。一方面也是記取了《宇宙奇兵》那時的教訓，因此敵方機體只有3種量產型。話雖這麼說，到了後半確實沒那麼頻繁地睡在公司裡沒錯，但剛開始時通宵工作的狀況確實不少。

——您也是從那時便開始經手BANDAI的玩具設計工作嗎？

森木：我至今都還記得第一次去BANDAI拜訪時的事情。仔細回想起來，確實是以《宇宙奇兵》為契機，在那之後便經常為了工作的事情往來呢。那時在BANDAI擔任《宇宙奇兵》企劃的森島（隆之）先生（※5）擔心我只靠動畫這邊為生會不會過得很辛苦，於是便將我介紹給當時的POPY企劃室（現為PLEX），我也就這樣開始接玩具設計的工作了。

我在讀小學時，就隱約想過以後要

※1 鳥海永行／在龍之子製作公司時曾擔任過《科學小飛俠》《破裡拳聚合俠》《宇宙騎士鐵甲人》等作品的監督。為Pierrot工作室的創社元老之一。
※2 《DALLOS》／為Pierrot工作室推出的原創動畫錄影帶（OVA）作品。以一般作品來說是日本第一部OVA。
※3 道具設計／為動畫設計槍械、皮包、制服等小道具的職務。

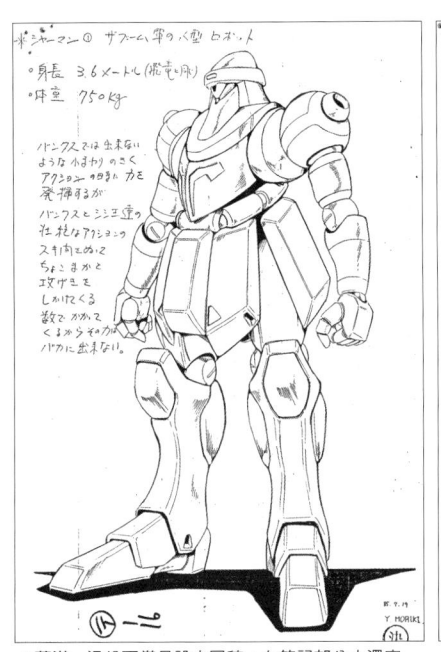

▲薩滿。這份不僅是設定圖稿，在筆記部分中還寫下了與功能面相關的設定。

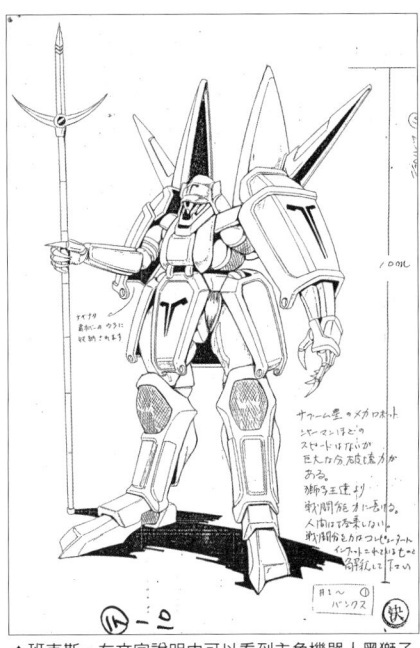

▲班克斯。在文字說明中可以看到主角機器人黑獅子的名字是暫且寫成獅子王。

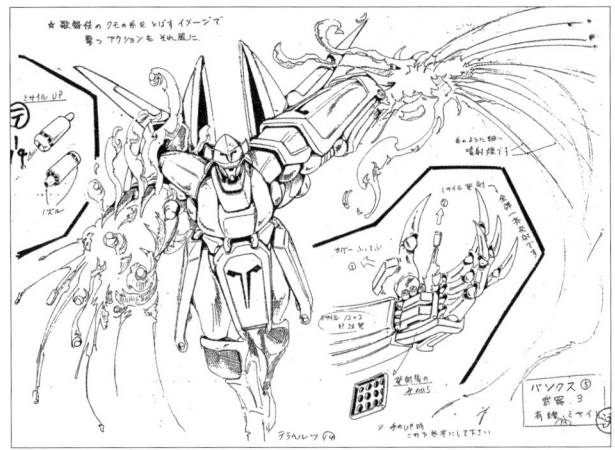

▲這是班克斯的武器設定。連掌心處飛彈發射口的細節也詳盡地畫出來了。

WORKS 1

在Pierrot工作室時曾為《宇宙奇兵》和《忍者戰士 飛影》擔綱機械設計。在《飛影》中是負責設計札·布姆軍的機體。由於當年大畑晃一監督相當忙碌，因此故事後半有一部分主角陣營的設計也是由森木老師幫忙經手。

結識平野俊貴監督與大畑晃一監督

——看了森木老師的工作履歷後，發現您在1980年代幾乎都是和大畑監督及平野俊貴監督一起工作呢。

森木：繼《宇宙奇兵》之後，我在Pierrot工作室又繼續參與了《飛影》的製作，那時是我第一次和大畑監督一起工作。以大畑監督的作品來說，《裝鬼兵MD Geist》和《大魔獸激鬥 鋼之鬼》都是因為人手不足才找我去幫忙的。我和平野監督也是以《鋼之鬼》為契機認識的。當時平野監督正好在忙《冥王計畫志雷馬》和《吸血姬美夕》這兩部作品的企劃，於是問我是否能去幫忙，我也就兩部都參與製作了。在那之後便有一陣子都是與平野監督搭檔工作。

當時AIC的荻窪工作室甚至有著平野個人空間。以平野監督和垣野內（成美）小姐、恩田（尚之）老師為首的傑出成員都會在那裡出入。在菊池（通隆）老師為《冥王計畫》擔綱人物設計工作時，我也在一旁負責機械設計的事情。

——有的機械設計師會去工作室進行作業，有的則是自己準備了辦公室，森木老師是屬於去工作室的那一派嗎？

森木：直到10年前左右我都還是只要參與了某部作品，我就會到那間工作室借張桌子好好地處理工作。畢竟能確保穩定進行工作的最佳方式，就是待在第一線。要是窩在房間裡自顧自地工作，那麼不僅難以掌握作品的氣氛，和製作團隊之間的關係也會變得莫疏呢。老實說，我直到現在都還是很想進工作室裡處理作業，但體力上已經負荷不太住了（苦笑）。不過我之所以會採取這種工作方式，確實是因為受到了大畑監督的影響呢。

——大畑監督能夠從設計師起家，一路走到經手導演等工作，或許這種到工作室借張桌子處理作業的方式確實很適合他呢。

森木：我剛開始工作時共事的機械設計師就是大畑監督，他還曾經從導演的觀點教我在設計上該如何表現，對我的職業生涯有著莫大影響力呢。要設計某樣東西時，該怎麼讓它看起來更為帥氣，又該如何將它畫得帥氣……正是因為曾經和大畑監督共事過，我在設計時才會用這種方式去思考。

玩具＆特攝的經驗

——您在玩具設計的第一線時，有體會過哪些經驗呢？

森木：玩具方面的工作環境，果然和動畫不同呢。另外，當POPY企劃室在新橋的時候，我每星期大概有3天會去那邊借張桌子繪製設計方案。無論是參與動畫或玩具的製作，我基本上都會到那間公司借張桌子處理設計工作，其實理由之一只是我不想在自己狹窄的公寓裡放影印機和傳真機這類事務機罷了（笑）。我在POPY企劃室那裡工作了大概一年。那段期間內經手了《機器勇士》的雙機合體金剛、《超新星閃光人》的閃光王，以及該作品中的變身道具稜鏡閃光手環等設計。後來有段時間我和夥伴一起組成了企劃工作室，當時構思的企劃後來成了《超人機金屬人》這部作品。不過等到《超人機》真正播出時，那間工作室已經解散，我也開始獨自接設計相關工作。

在《超人機》中，我負責設計了主角金屬人（※6）、克魯欽、巴爾斯基（※7）、德蘭格、凱爾德林格的4名軍團長、頂尖槍手、達格斯隆和達格斯基兄弟、希德曼、克羅斯蘭達、凱巴羅

當機械設計師。

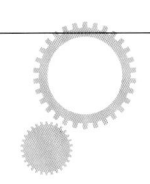

※4 村上克司／工業設計師。在POPY和BANDAI任職時主要是負責玩具企劃。自《魔神Z（無敵鐵金剛）》起就參與了諸多機器人動畫和特攝的製作。
※5 森島隆之／前BANDAI的玩具企劃人員。曾擔綱過《重戰機艾爾鋼》《超獸機神斷空我》《假面騎士BLACK》《地球戰隊五人組》等作品。

107

我能有今天的成就，想來是多虧了

WORKS 2

在開始與POPY銀座企劃室往來的時候，森木老師也參與了超級戰隊系列的商品用靈感設計工作。除此之外，亦曾參與設計《超獸戰隊生命人》的大型基地「大海龜」。

▼這是能合體為閃光王的3架機組，分別是戰車指揮官、三角噴射機、預警噴射機。

▲FLASH IN BOX DX 超合金 閃光王。

▲天空合體 DX超合金 噴射翼人金剛。

▲超弩級DX噴射神鷲。

茲、梅格德隆、亞格米斯等角色。幻影邊三輪機車和金屬戰馬號我只設計到一半，後來是由PLEX公司完稿的。

——森木老師在出道後那10年期間同步活躍於動畫、玩具、特攝等相異領域呢。似乎沒多少設計能做到像您這樣的程度。

森木：如同一開始所說的，我原本就是因為想當動畫的機械設計師才會來到東京。不過我也同樣喜歡玩具、特攝、漫畫、插畫這些題材。所以呢，我就想著若是有機會能做這些工作的話，希望都能體驗一次試試看，如果覺得實在不適合做下去的話，那就到此為止就好。就某方面來說也是豁出去了……因此，一切真的都是出於偶然。在光靠動畫很難生活下去的時候，碰巧被介紹到POPY企劃室去。沒多久後又在平野監督牽線下認識了角川書店的編輯，獲得了為《機動戰士鋼彈 閃光的哈薩威》經手設計的機會。以《吸血姬美夕》為契機認識的垣野內小姐為秋田書店繪製漫畫後，也把我介紹到那邊去繪製了《甲獵館》。之所能接到特攝方面的工作，也是當

時身為作家的赤星（政尚）老師將我介紹給企劃者104這間編輯製作公司才開始的。說起來一切都是緣份呢。我能夠有今天的成就，想來也是多虧了自己對工作一向來者不拒的關係吧。

——這也是因為您向來都能靈活地處理各式工作的關係呢。

森木：玩具非得要能做出實際的立體產品不可，導致在很多方面都會受到限制。動畫其實也要看監督的作風，有的人會隨心自由發揮，但也有連細部都會提出詳盡要求的人，每個人的做法都不盡相同。因此面對不同的工作時，也得配合採取適當的做法才行。但更重要的是，必須試著先提出「我設計了這樣的東西，您覺得如何」，勇於表達自身構想也是不可或缺的。當然免不了會遇到對方面有難色表示無法接受，或是為了節省作畫的功夫而得省略某些部分等狀況。但要是不主動提出來的話，那麼一切都無從開始呢。

——在歷來的各式作品中，森木老師認為哪部是第一次能真正發揮自身創意的作品呢？

森木：算起來應該還是《冥王計畫》和《美夕》

吧。還有《超新星閃光人》也是。以動畫來說，這兩部作品都讓我隨心所欲地去設計，可說是難以忘懷呢。當時是OVA全盛時期，充滿了與現今不同的氣氛，製作團隊每個人都精力十足，有如每天都是學校辦園遊會前一日的衝勁可以持續上好幾年。我覺得正是因為處在這種環境下，那2部作品才得以誕生。

——您在《超新星閃光人》中是擔綱設計主要機體呢。

森木：那時戰隊機器人向來都是由POPY企劃室的大石（一雄）先生經手設計，因此我作夢都想不到自己能擔綱設計戰隊機器人呢。我一開始是只幫忙設計超級戰隊系列的英雄用機具和變身道具。後來藉由這份經歷獲得了設計機器人的機會，於是我便構思出了由坦克作為身體，2架戰鬥機各變成1組手腳進行合體（左半身和右半身會個別插入身體裡）的閃光王，當知道這個被採用時，我真的開心到不得了呢。

雖然我後來也有經手設計基地和武器，但親手設計、並且推出了「超合金」玩具的機器人還

※6 金屬人／只有頭部存在由村上克司老師繪製的草稿。
※7 巴爾斯基／草稿是由阿久津潤一老師擔綱繪製的。
※8 噴射翼人金剛／和閃光王一樣，只有頭部設計是由村上克司老師擔綱繪製草稿。

108

一向對工作來者不拒的自己。

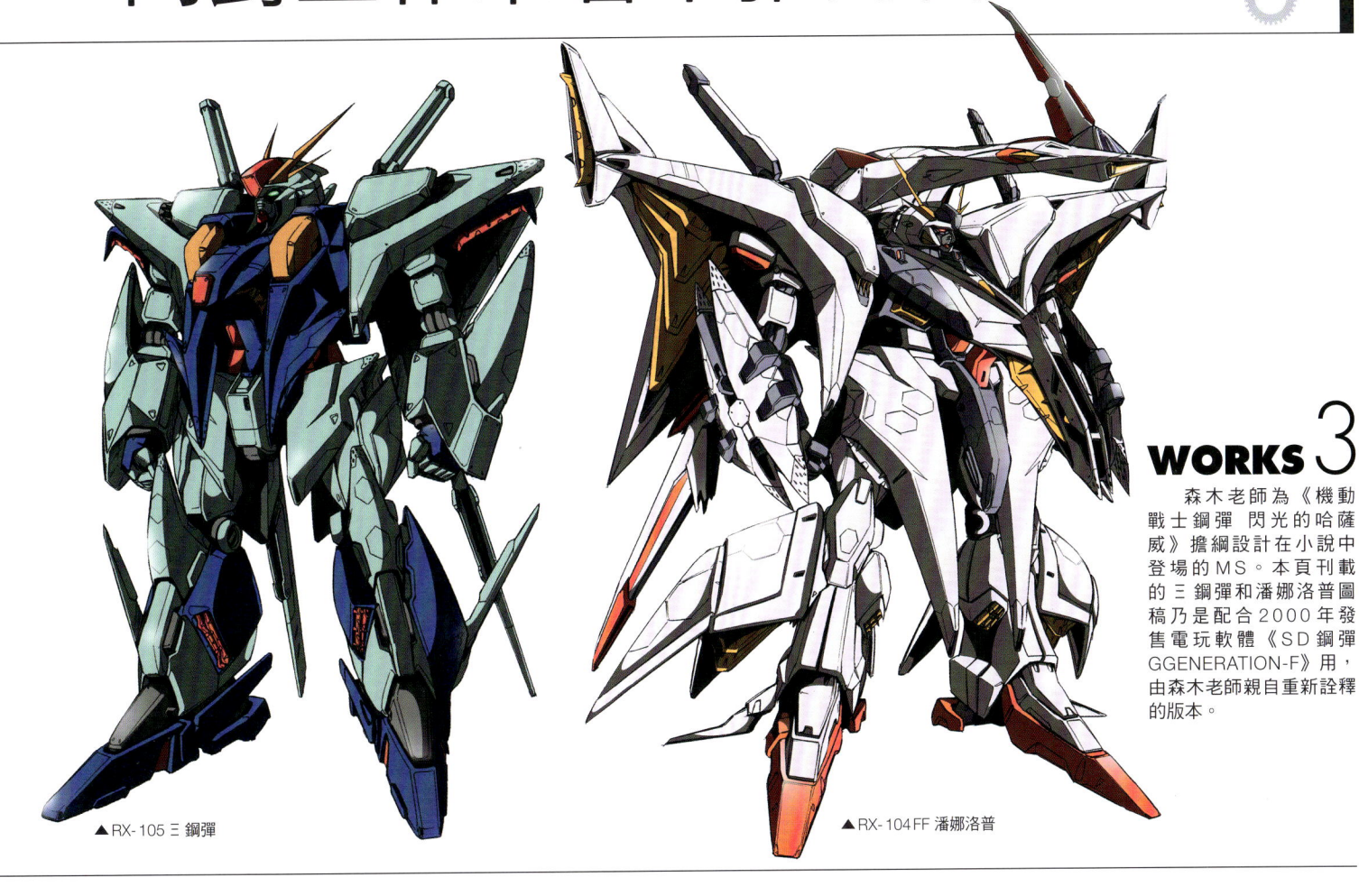

▲ RX-105 Ξ鋼彈

▲ RX-104FF 潘娜洛普

WORKS 3

森木老師為《機動戰士鋼彈 閃光的哈薩威》擔綱設計在小說中登場的MS。本頁刊載的三鋼彈和潘娜洛普圖稿乃是配合2000年發售電玩軟體《SD鋼彈 GGENERATION-F》用,由森木老師親自重新詮釋的版本。

是最為令我印象深刻。接下來我又為由森島先生擔綱企劃的《鳥人戰隊噴射人》設計了噴射翼人金剛(※8)和噴射神鷲。對我個人來說,能在超級戰隊系列歷代主打商品中留下閃光王、噴射翼人金剛、噴射神鷲這3個成果,真的是令我欣喜無比。

——您在超級戰隊系列中曾經參與過哪些作品的設計呢?

森木:其實《特搜戰隊刑事連者》才是我第一次擔綱主要設計的作品。《超力戰隊王連者》是由阿部(統)先生他們擔綱主要設計工作,我那時純粹是從旁協助。因此真要說起來,我為超級戰隊系列系列擔綱主要設計的其實就只有《特搜戰隊》和《特命戰隊Go Busters》罷了。話雖如此,《特命戰隊》也動員到以出淵(裕)老師和筱原(保)老師為首的機械設計師,有如上演這方面的總體戰就是了(笑)。

——您能經手這麼多不同領域的設計,請問究竟是從何獲得靈感的呢?

森木:不可思議的是,我向來不覺得有什麼想不想得到靈感的問題。只不過年輕時總是能毫不猶豫地在桌上動筆開始描繪,並且在不知不覺間建構成形。隨著年紀增長,照理來說能應用的經驗應該更多了才是,但我反而開始有了「這樣設計當真妥當嗎?」的迷惘呢。前一段時間參與《鋼彈創鬥者潛網大戰Re:RISE》的設計時,發現周遭都是很年輕的機械設計師,他們也都設計出了很帥氣的鋼彈,讓我不禁煩惱起往後該怎麼設計才好。當年為《冥王計畫》設計八卦機器人時,我明明也有著2天就能畫完所有設計草稿的精力啊。

——那麼您當年都是接收些什麼樣的資訊呢?

森木:當年沒什麼時間看小說或電影,但大畑監督偶爾會強拉我去看恐怖電影就是了(笑)。其他印象比較深刻的,應該就是會買中意的國外插畫家畫集來看吧。儘管現今網路相當發達,接收各方資訊變得容易許多,但或許正是因為能得到的資訊太多,才會反而不知該如何取捨呢。

料理的作畫《鬼平》《異世界食堂》

——您近年來也有擔綱機械和怪物以外的設計和作畫呢。

森木:畢竟我對工作一向來者不拒,搞不好某些製作人根本不曉得我是機械設計師呢(笑)。舉例來說,我最近接到的案子幾乎都是在設計料理。《鬼平》那時因為是時代劇,所以才得配合商人、武士等身分設計相對應的菜餚。就像池波(正太郎)老師在原作小說中雖然有描述主菜為「鹽烤香魚」或「太刀魚」之類的,但桌上的料理不可能只有這樣。既然如此,那就得去思考這道料理在作品世界觀中該是什麼樣子,會如何擺盤?配菜又是些什麼呢?

——儘管主題同樣在於料理,但《異世界食堂》是以連接著異世界的西餐廳為舞台,而您在這部作品中也同樣是擔任道具設計呢。

森木:《異世界食堂》就不只是料理本身了,連餐具都得設計……感覺上已經跟所謂的餐桌布置師沒兩樣了。儘管這類狀況在近來的動畫中很

109

WORKS 4

《機動戰士鋼彈F90 極速方程式（暫譯，機動戰士ガンダムF90 ファステスト・フォーミュラ）》為正在《GUNDAM ACE月刊》連載的漫畫（漫畫：今之夜KIYOSHI、劇本：IINOBUYOSHI），在本作品中登場的RDG系列MS都是由森木老師擔綱設計。其獨特筆觸醞釀出了奇形怪狀的機械感。

▲RDG系列MS 卡爾哈利亞斯（水中戰型）。

◀《機動戰士鋼彈F90 極速方程式（暫譯，機動戰士ガンダムF90 ファステスト・フォーミュラ）》共11集，KADOKAWA發行。

▲RDG系列MS 卡爾哈利亞斯（水中格鬥戰形態）。

常見，但只要是有料理出現的場面，有很多都是先在網路上搜尋那種料理，再照著找到的圖片畫出來。舉例來說，《異世界食堂》第4集裡就有蜥蜴人戰士點了大份蛋包飯的場面。當時我所交出去的原畫，其實就是照著某間時尚咖啡廳裡的蛋包飯繪製而成呢。畢竟《異世界食堂》是以名為貓咪西餐廳的店家為舞台，就算上的餐點是那個模樣也不奇怪。不過，正因為是戰士點的餐，所以分量要是不大一點，那就會顯得很不協調了。還有，既然是西餐廳，用來淋在蛋包飯上的蕃茄醬肯定不是我們那種家用管狀版商品，而是罐裝的商用版產品才對。就像這樣，無論是要畫機械還是料理，我都會以遵循作品的世界觀為原則，再去思考該如何畫出來。

——所以森木老師是把身為設計師在繪製時的講究之處轉為應用在料理這個題材上囉？

森木：畢竟就方法來說並沒有多大的差異。只要能以尊重世界觀為前提，那麼自然而然想得出來哪些地方該怎麼畫。如果是從企劃階段就開始參與的作品，我會從什麼都不去想，只管動筆畫著手，然後把所有想得到的點子都融入其中。在這樣做的過程中，故事會逐漸成形，世界也會建構得越來越明確，這亦是一種創作方式。因此儘管我很喜歡機械，卻不會拘泥於非這個領域的工作不做。仔細回想起來，《美夕》那時我經手的就不止機械，連神魔那些也包下來畫了。換句話說，經手繪製《鬼平》和《異世界食堂》中的料理其實也沒什麼不同。

——只要能依循其世界觀去設計繪製的話就不成問題呢。

森木：在我還是十幾歲的年輕小伙子時，押井監督曾給過忠告「不要成為只會畫機械的工匠，要設法去開創世界」。可惜我如今已經成為十足的工匠就是了（苦笑），不過一切也確實如他所言。那句話不僅適用於動畫，就算是玩具也一樣適用。畢竟受到作品的世界觀、規格方面的問題、使用張數上限、資金上的理由等種種因素複雜交錯影響，非得靠著本能去畫不可呢。

——這顯然是從多年經驗中學到的事情呢，那麼在您有志成為機械設計師的那個時間點是否曾想過這類問題呢？

森木：我覺得應該多少有想過。然而，儘管打從一開始就做好了得從基層開始打拚起的心理準備才進入這個業界，這類事情卻還是在工作之中逐漸學到的。例如接送監督、擔任機械設計師酒會的幹事……當時行動電話尚未普及，那個時代光是要抓人來參加就很辛苦呢。不過只要想成這些事情是在為日後的工作建立起緣分，其實也就不以為苦了。

對新世代的期盼

——以大畑監督為首，有些機械設計師會往經手導演的方向發展，不過森木老師顯然至今仍堅守設計這個崗位呢。

森木：其實這只是因為我很確定自己沒有導演天分罷了（苦笑）。我認為自己在設計這方面還是多少能辦到從無到有地創作，但要是當監督的話，無論如何都只會做出把設定照本宣科地演一遍的無聊作品就是了……既然如此，不如只為

別關起自己可能性的門扉，才是最

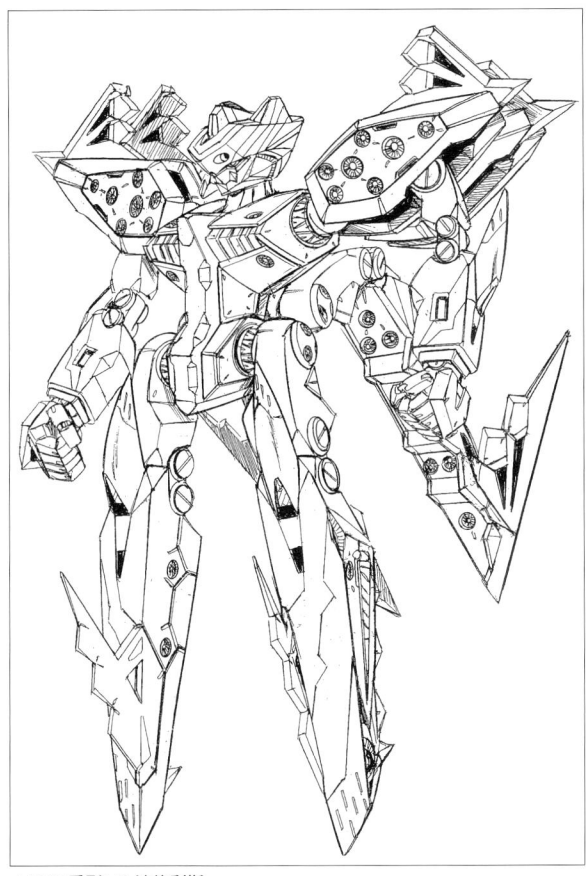

▲RDG系列MS 迪格利斯

主要作品列表	
■動畫	■動畫
宇宙奇兵（1984）	對某飛行員的追憶（2011）
忍者戰士飛影（1985）	超速變形螺旋傑特（2012）
裝鬼兵 MD Geist（1986）	能量獸之戰獸旋戰鬥（2012）
吸血姬美夕（1988）	銀河機攻隊 莊嚴皇子（2013）
冥王計畫志雷馬（1988）	約會大作戰（2013）
冒險！伊庫薩3（1990）	英雄銀行（2014）
超時空世紀歐格斯02（1993）	飆速宅男（2015）
瑪茲（1994）	VENUS PROJECT -CLIMAX-（2015）
魔法騎士雷阿斯（1994）	ACTIVE RAID - 機動強襲室第八組-（2016）
機動戰艦撫子號（1996）	HUNDRED 百武裝戰記（2016）
名偵探柯南（1996）	■道具設計／料理作監
魔法陣都市（1998）	鬼平（2017）
熱沙的霸王 Gandalla（1998）	異世界食堂（2017）
星界的紋章（1999）	■特攝片
網路安琪兒（1999）	超新星閃光人（1986）
星界的戰旗（2000）	超人機金屬人（1987）
無敵王崔吉諾（2000）	超獸戰隊生命人（1988）
超能奇兵（2001）	鳥人戰隊噴射人（1991）
通靈王（2001）	救急戰隊 GOGO V（1999）
十二國記（2002）	特搜戰隊刑事連者（2004）
G-on 少女騎士團（2002）	特命戰隊 Go Busters（2012）
超重神 GRAVION（2002）	■電玩遊戲
音速小子 X（2003）	櫻花大戰3～巴黎在燃燒嗎～（2001）
天使怪盜（2003）	櫻花大戰4～戀愛吧少女～（2002）
斬魔大聖 DEMONBANE（2006）	櫻花大戰 V～再見吾愛～（2005）
驅魔少年（2006）	■小說插畫
機神大戰巨神方程式（2007）	機動戰士鋼彈 閃光的哈薩威（1989）
星界死者之書（2007）	■漫畫
光速大冒險 PIPOPA（2008）	甲獵館（1995）
聖鬥士星矢 THE LOST CANVAS 冥王神話（2009）	■漫畫用設計
裝甲騎兵波德姆茲 佩爾森檔案（2009）	機動戰士鋼彈F90 極速方程式（暫譯，機動戦士ガンダムF90 ファステスト・フォーミュラ）（2019）

參與的作品純粹擔綱設計繪製，藉由這個方式將作品引領至更好的方向，這樣不是比較好嗎。當然，不免會遇到在時間方面受限的問題，只能設法將在該階段已經完成的部分給整合起來。不過，內心裡其實還是不想妥協的。其實不僅是設計，有必要的話我也會擔綱較為困難的原畫，藉此盡可能地提高品質。畢竟我認為這就是自己該做的工作。

——您就是秉持這個態度在出道後一路奮鬥了30年以上呢。

森木：話說我剛出道時才19歲呢。到了《宇宙奇兵》第2集時也就剛滿20歲而已。這麼一想，確實已經工作了好長一段日子呢。我覺得自己應該會一直做到無法動彈為止吧，畢竟比起接不到工作的焦慮感，被工作追著跑反而還比輕鬆，因此可是很期待接到各位業界人士的委託喔（笑）。不過我覺得自己之所以能成為機械設計師，一切都是託了當年業界願意廣招年輕生力軍的福。記得某位知名動畫師曾提過一件軼事，他打從高中時就想當動畫師，甚至為此把窗戶玻璃當作透寫台的替代品用來繪製原畫。相較於此，以動畫業界來說，現在年輕的機械設計師越來越少了。更別提十幾歲、二十幾歲這個年齡層的人數根本是零了。如今畫得還不錯的人都往電玩和同人誌這個領域去發展。對於以進入動畫界當機械設計師為目標的我來說，這還真是令人感到有些落寞呢……

——對於現今有志成為機械設計師的年輕人來說，您認為什麼是最重要的呢？

森木：工作時不要把創作者這個身分看得太重或許會比較好。也就是秉持當一名學徒的心態，上頭有交代就盡力照做，保持這樣的想法說不定比較好。還有就是要避免生氣。但這並非要忍受不合理對待的意思，而是不要對工作自我設限，無論是覺得辦不到或不喜歡，至少也得嘗試一次看看。儘管也有可能會覺得白費功夫，但別急著關起自己可能性的門扉，畢竟這或許才是最理想的做法呢。再來就是除了繪畫的能力之外，要是也培養一些溝通能力之類的處世技巧就再好不過了……話雖如此，其實我並不想增加太多競爭對手，這才是真心話呢（笑）。

（2020年2月28日於HOBBY JAPAN進行採訪）

特別宣傳!!
森木靖泰 設計全集
機器人/英雄篇
（暫譯，森木靖泰 デザインワークス ロボット／ヒーロー篇）
日文版熱賣中!!

理想的做法。

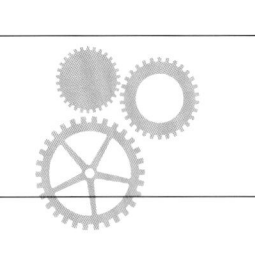

■一下子就過了5個月

我從2019年10月底開始成為自由工作者，距離正在寫這篇文章的2月份，已經過了5個月。但與其稱為一下子就過了5個月，不如說是總算感受到先前籌備的專案有所進展了。雖然是友誌的事情，不過我從2月份起在電擊HOBBY WEB經手連載AZONE-INTERNATIONAL公司作品《突擊莉莉》的外傳故事。基本上這是因為我也很想要CHARM這種武器的衍生版本，所以算是嗜好的一種延伸吧（笑）。最近也在忙「AOSHIMA 合體機器人＆合體機具 包裝盒畫稿展」的營運和編輯展覽型錄等作業。除此之外，也另有一些企劃宣傳的事項，總之變得忙碌起來了。話雖如此，現在也不可能像三、四十歲那時一樣通宵了，因此得在各方的幫助下繼續努力才行。

Shin Yashoku Cyodai
真・消夜分享
Tadahiro Sato
佐藤忠博

☪第5回
烤牛肉酪梨 法棍三明治

■烤牛肉酪梨法棍三明治

雖然應該有人覺得做「烤牛肉」很費事，但重點是先讓肉回到室溫。牛排也是如此，若剛從冰箱取出就烹煮，會立刻滲水，因此要避免這點。讓肉回溫可化解表面與內部的溫差，均勻受熱。這次我撒上市售的「魔法鹽胡椒」（愛思必食品），在平底鍋中將兩面各煎約1分鐘，放入封口袋後，再浸入沸水中約30分鐘。回溫後即可進行下一步。三明治是用超市買的軟法國長棍麵包，夾上烤牛肉與酪梨就完成了。沒吃完的烤牛肉其實還有很多用途，視情況冷凍起來保存也行。

■令人在意的2款商品

為了配合《HJ科幻模型精選集》的內容（？），在此要介紹我個人最近的作品。第一件是TAKOM公司製「波蘭軍PL-01試作輕戰車」。雖說它是全世界第一款「匿蹤戰車」，但我只是因為覺得如果將它塗裝成日本陸上自衛隊迷彩肯定很有意思，所以才買了這款套件的。組裝起來的時間花不到一天。連同塗裝在內的話，實質上也僅花2天就能完成。另一件則是將HOBBY JAPAN月刊2020年2月號附錄《OBSOLETE》的「EXOFRAME」製作成日本陸上自衛隊版本。由於這個機種每個國家都有獨自的規格，因此很令人期待這個系列日後能推出包含外裝零件在內的各式套件。

這就是最近我相當熱衷的日本陸上自衛隊系列（笑）。其實只是將TAKOM公司製「波蘭軍PL-01試作輕戰車」和HJ 2月號附錄《OBSOLETE》的「EXOFRAME」做成陸上自衛隊版本罷了。

menu
烤牛肉酪梨 法棍三明治

① 用主文中的方式來烹調烤牛肉。
② 將法國長棍麵包縱向切開，塗上奶油、芥末醬、美乃滋，再放上生菜和切成片狀的烤牛肉。
③ 接著加上綠花椰菜芽、酪梨，以及紅辣椒來增添色彩。
④ 最後擺上切成片狀新鮮洋蔥、起司，這樣就大功告成了。

Recipe

烤牛肉酪梨 法棍三明治 完成

今年的暖冬讓人在不知不覺間就感覺到春天氣息，所以我搭配了經典的「角瓶威士忌蘇打調酒」（這算什麼理由啊？）。烤牛肉本身是用大腿肉做成的，味道較清淡，但我認為這樣能讓黏稠的酪梨更為順口。附帶一提，裝角瓶威士忌蘇打調酒罐子一共有4個。我這是開店了不成！

佐藤忠博　1959年出生…曾擔任過HOBBY JAPAN月刊編輯長、電擊HOBBY MEGAZINE（KADOKAWA發行）的首任編輯長等職務，在模型玩具業界已有37年以上的資歷。現今從事自由業，目前主要是在HAL-VAL股份有限公司的事務所經手編輯、宣傳、企劃等工作。雖然是個人身分，但也能承包相關的委託案喔！

名為編輯後記的 模型閒談

其實我原本打算在4月份發行HJ科幻模型精選集05的,但受到月刊特輯主題輪替和其他事情影響,只好提前到3月發行。3月份除了本書之外,還趕著編輯《女神裝置模型精選集》和《哥吉拉VS王者基多拉 完結篇(暫譯,ゴジラvsキングギドラ コンプリーション)》,可說是忙到不得了。儘管好一陣子沒這麼拚命了,但包含HJ科幻模型精選集05在內的幾本書,我一定會盡全力製作完成。在此稍微預告下一期的內容,將會首度脫離宇宙世紀的範疇,前往拜訪阿斯特拉斯銀河。各方的硬派大叔將會響應號召齊聚一堂,敬請期待下一期!(文/HOBBY JAPAN編輯部 木村學)

Z果然是最棒的

《機動戰士Z鋼彈》是在1985年首播的。沒錯,正是阪神虎隊第一次也是唯一一次(截至2020年3月的記錄)贏得日本冠軍的年份。當時我正在讀高中,在小學時經歷過鋼彈模型熱潮後,身為棒球少年兼鋼彈模型小子的我,對於在睽違6年後推出的這部續作感到興奮不已。在套件發售時,我適度地應付一下社團活動後,隨即騎著腳踏車衝向模型店去拿預購的1/144鋼彈Mk-II和高性能薩克。看到設計得十分洗鍊的包裝盒,以及採用了軟膠零件的套件內容後,更是讓我欣喜不已,我還記得當天就忍不住製作完成了(至於當天社團活動到底是在做什麼,我早就忘了)。不過隨著故事發展,劇情越來越難懂,氣氛也越來越陰沉。不知不覺間,《Z鋼彈》已經成為繼初代鋼彈和《0080》之後,我最喜歡的鋼彈作品了。而顛覆這個排行的,正是自2005年起陸續上映的電影版三部曲。新作畫面、出色的節奏,讓人大吃一驚的結局,以及由Gackt獻唱的主題歌。不管哪一項都是一流的。這也令我重新體認到「Z真是一部精湛的作品」。它至今仍是我最喜歡的作品之一。Z果然是最棒的呢!

▲這是本次為了拍攝特效照片和扉頁而製作的MG鋼彈Mk-II Ver.2.0(迪坦斯)和鋼彈Ver.2.0。兩者都是用保留成形色的簡易製作法來呈現。這次兩者也都沒有施加醒目的汙漬(畢竟鋼彈Mk-II尚在進行試驗中,要是弄得髒兮兮的會很奇怪),而是用類似添加陰影的手法來詮釋。該手法日後應該也會安排在HOBBY JAPAN月刊上進行介紹。

HJ MECHANICS

STAFF

企劃·編輯	木村 学
編輯	五十嵐浩司（株式会社TARKUS） 吉川大郎 河合宏之
封面設計	NAOKI、コジマ大隊長、只野☆慶、田村和久 澤武慎一郎、GAA（firstAge）
設計	株式会社ビィビィ
攝影	株式会社スタジオアール
協力	株式会社バンダイナムコフィルムワークス 株式会社BANDAI SPIRITS ホビーディビジョン

HOBBY JAPAN MOOK 993

HJ科幻模型精選集05

出版	楓樹林出版事業有限公司
地址	新北市板橋區信義路163巷3號10樓
郵政劃撥	19907596　楓書坊文化出版社
網址	www.maplebook.com.tw
電話	02-2957-6096
傳真	02-2957-6435
翻譯	FORTRESS
責任編輯	黃穫容
內文排版	謝政龍
港澳經銷	泛華發行代理有限公司
定價	520元
初版日期	2025年9月

國家圖書館出版品預行編目資料

HJ科幻模型精選集. 5, 機動戰士Z鋼彈　MS科
技發展沿革 U.C.0087 / Hobby Japan編集
部作；Fortress譯. -- 初版. -- 新北市：楓樹林
出版事業有限公司, 2025.09　面；公分

ISBN 978-626-7729-37-3（平裝）

1. 玩具　2. 模型

479.8　　　　　　　　　　　114010795

© SOTSU・SUNRISE
© HOBBY JAPAN
Chinese (in traditional character only) translation rights arranged with
HOBBY JAPAN CO., Ltd through CREEK & RIVER Co., Ltd.